校企合作精品教材

非线性编辑

主　编 / 姜　鑫　安　颖

副主编 / 赵文婷　万　蕾　魏经界　高超梦　钱成成

復旦大學出版社

序言

在数字时代的浪潮中,视频已经成为我们生活中不可或缺的一部分。无论是社交媒体平台上的短视频,还是传统荧幕上的鸿篇巨制,视频的每一次点击、每一次播放,都在诉说着一个关于创意、技术与情感交织的故事。

Premiere Pro 作为 Adobe 公司旗下的旗舰视频编辑软件,以卓越的性能、丰富的功能和友好的用户界面,赢得了全球无数视频编辑工作者和爱好者的青睐。无论是初出茅庐的新手,还是经验丰富的专业人士,都能在这款软件中找到自己需要的工具和功能,将自己的创意转化为现实。非线性编辑是一种相对于传统线性编辑的技术,它允许编辑者在不改变原始素材顺序的前提下,对视频、音频等多媒体内容进行剪辑、合成、转场和特效添加。这种编辑方式更加灵活,可以根据需要对素材进行任意剪切、拼接和调整,从而创造出丰富多样的媒体内容。

本教材的内容安排层层有序、由浅至深,详细地阐述了每章节的知识点,致力于涵盖 Premiere Pro 的全部知识点。本教材由经验丰富的教学一线老师编写,详细介绍了什么是非线性编辑、Premiere Pro 的基础操作、关键帧动画、视频的转场与特效、抠像技术、字幕制作、音频处理、虚拟现实(VR)全景视频剪辑等,并以二维码的形式配套嵌入数字教学资源。希望本教材能够帮助读者解决学习中的疑惑,提高技术水平,迅速成为非线性编辑的熟练运用者。

本教材在编写过程中得到了青岛黄海学院的大力支持以及教学工作部和影视学院老师的共同努力,在此一并表示感谢。由于编者的学识有限,很难把所有的新技术全面完整地展示出来,遗漏和错误在所难免,殷切期望读者给予批评和指正。

编者

2024 年 4 月

目录

01

第 1 章

带你走进剪辑的世界

第1节　什么是非线性编辑

一、非线性编辑概念

线性编辑(Linear Editing)是一种传统的视频编辑方式,依赖于物理介质如磁带,通过剪切和拼接来实现编辑。在线性编辑过程中,必须严格按照时间顺序处理每一个片段,从开头到结尾逐一进行编辑。非线性编辑(Non-Linear Editing,简称 NLE)是一种相对于传统线性编辑而言的现代化视频编辑方式,允许视频剪辑者随时访问和修改素材库中的任何部分,而不必遵循传统的时间顺序,意味着视频剪辑者可以在数字界面上自由拖拽、剪切和拼接视频中的某个片段,同时添加各种特效和音轨,以创造出令人惊叹的视听觉效果和音视频体验。非线性编辑极大地提高了编辑的效率和创造力,使视频制作过程更加流畅和直观。非线性编辑以其灵活、高效和强大的功能,成为现代视频制作中不可或缺的重要工具。

二、非线性编辑应用领域

非线性编辑已经广泛应用于各种视频制作领域,包括电影、电视节目、广告、音乐视频、企业宣传片、网络视频等。无论是好莱坞大片的剪辑,还是短视频博主的视频制作,非线性编辑都发挥着至关重要的作用。

在电影制作中,非线性编辑不仅提高了剪辑效率,还为导演和剪辑师提供了更多的创作空间,使复杂的叙事结构和特效处理成为可能。在电视节目制作中,非线性编辑同样提升了制作速度,尤其是在新闻和综艺节目中,能够迅速响应并编辑实时素材。

三、未来发展趋势

随着技术的不断进步,非线性编辑将继续发展并融入更多的新元素。人工智能和机器学习技术的应用将进一步提升编辑效率和智能化水平。自动剪辑、智能推荐和特效生成等功能将逐步普及。此外,云计算和协同编辑技术的发展,也使多人远程协作编辑成为可能,进一步推动视频制作的全球化和高效化。

未来,随着技术的进步和应用领域的不断扩展,非线性编辑继续引领视频制作的潮流,推动这一行业的不断创新和发展。

第 2 节　非线性编辑的工作流程

非线性编辑工作流程可以简单地分为输入、编辑、输出三个步骤，将素材导入非线性编辑软件中，对素材进行编辑处理，最终输出视频，也可分为以下七个详细步骤。

一、素材的采集与输入

通过专业的采集设备，将模拟信号如磁带或胶片上的视频、音频转换成数字信号，并存储到计算机中。同时也可以将外部的数字视频文件、音频文件、图像等输入编辑软件中，成为可编辑的素材。

二、进行素材的剪切

根据剧本或创意要求，从已采集和输入的素材中选择合适的片段，并使用非线性编辑软件中的工具确定每个片段的切入点和切出点，只保留所需的部分。这一步骤旨在去除冗余和不必要的部分，使素材更加精练。

三、素材编辑

在时间线上排列和组合不同的素材片段。通过使用软件提供的各种编辑工具，如剃刀工具、波纹编辑工具、内滑工具等，对素材进行精确地编辑和调整，以达到最佳的视觉效果和听觉效果。

四、特技处理

在视频编辑过程中，需要进行特技处理，包括为视频素材添加转场效果、特效、合成叠加等，以增强视频的视觉效果。同时，也会为音频素材添加转场、特效等，改善音质或创造特定的音频效果。这些特技处理能够使视频作品更加生动、有趣。

五、字幕制作

需要根据视频内容，设计和添加必要的字幕，包括文字、图形等。这些字幕能够帮助观

众更好地理解视频内容，提升观看体验。

六、声音效果的处理

在声音效果的处理方面，对原始音频进行降噪处理，提高音频的质量。同时，也会根据视频内容添加适当的音效和背景音乐，增强视频的听觉效果。这些音效和背景音乐能够使视频作品更加引人入胜。

七、输出生成视频文件

在非线性编辑软件中选择视频导出，进行渲染设置，包括分辨率、帧速率、视频编辑解码器、音频编辑解码器等。

经过以上步骤，视频便制作完成。在剪辑过程中，非线性剪辑软件能快速地实现制作要求。

第3节 主流非线性编辑软件

目前市场上主流的专业非线性编辑软件有：Final Cut Pro（图 1-3-1）、Adobe Premiere Pro CC（图 1-3-2）、Sony Vegas Pro（图 1-3-3）等。

图 1-3-1 Final Cut Pro

图 1-3-2 Adobe Premiere Pro CC

图 1-3-3 Sony Vegas Pro

Final Cut Pro 是由苹果公司出品，只可以在苹果电脑 OS 系统上使用。

Adobe Premiere Pro CC（简称 Premiere Pro）是由 Adobe 公司出品，与 Adobe 公司出品的其他软件操作界面相似，具有无缝衔接、易于上手的优点。这款软件既可以在 Windows 系统上使用，也可以在苹果电脑 OS 系统上使用，是一款普及度较高的专业非线性编辑软件。

Sony Vegas Pro 是由索尼公司出品，可以在 Windows 系统上使用，官方版本并不支持 OS 系统。但是索尼公司专门为 OS 系统设计了一款名为“VEGAS Pro Mac”的软件，保留了 Vegas Pro 在 Windows 上的一些核心功能。

除上述三种软件外，Avid Media Composer 以高稳定性和强大的编辑功能著称，是电影和电视行业的标准工具之一。DaVinci Resolve 集视频剪辑、色彩校正、视觉特效和音频后期制作于一体，功能全面。

此外，还有 HitFilm Pro、Lightworks、Edius、Corel Video Studio 和 Power Director 等其他非线性编辑软件，各具特色。我们可以根据自身需求和预算选择合适的软件。

第 4 节　常用的音视频格式

视频格式

一、H. 264 格式

H. 264 视频格式是最常用的一种视频格式，它的文件后缀名为“. mp4”，该视频格式具有低码率、高质量的图片、容错能力强以及网络适应性强的优点。该格式可以上传抖音、优酷、B 站等平台。

二、QuickTime 格式

QuickTime 格式文件通常的后缀名为“. mov”，是苹果公司创立的一种视频格式。QuickTime 本身也是一款拥有强大功能的多媒体技术的内置媒体播放器。

三、GIF 格式

GIF 格式是动态图片格式。GIF 动图也是我们较为常见的一种图片格式，主要应用在一些网页的页面动图、表情包等。

四、MP3 格式

MP3 格式是最常用的音频输出格式，其全称是动态影像专家压缩标准音频层面三，简称为 MP3，是其英文的缩写。在 Premiere Pro 中选择 MP3 后，可以直接导出 MP3 格式的音频文件。

除以上四种常用的视频格式外，Premiere Pro 软件还能够输出不同种类的视频格式文件，可根据项目需求灵活选择。

本章小结

通过本章的学习，我们了解了非线性编辑的概念、基本流程以及主流的专业非线性编辑软件，如 Final Cut Pro、Premiere Pro、Sony Vegas Pro 等。本章还详细介绍了非线性编辑常用的音视频格式，如 H. 264 格式、QuickTime 格式、GIF 格式、MP3 格式。

习题

1. Premiere Pro 是(　　)公司出品的。

A. 苹果　　B. Adobe　　C. Autodesk　　D. Maxon

2. 以下哪种格式适合音频输出？(　　)

A. H. 264 格式　　B. MP3 格式

C. MP4 格式　　D. GIF 动图格式

第 2 章

编辑初体验

第 1 节　初识 Premiere Pro

一、Premiere Pro 项目设置

项目设置

打开软件弹出主页面板，主页面板上有“新建项目”“打开项目”以及“最近使用项”，如图 2-1-1 所示。“新建项目”是指创建一个新的文件，“打开项目”是打开已经保存的项目文件，“最近使用项”是列举了最近使用过的项目文件。

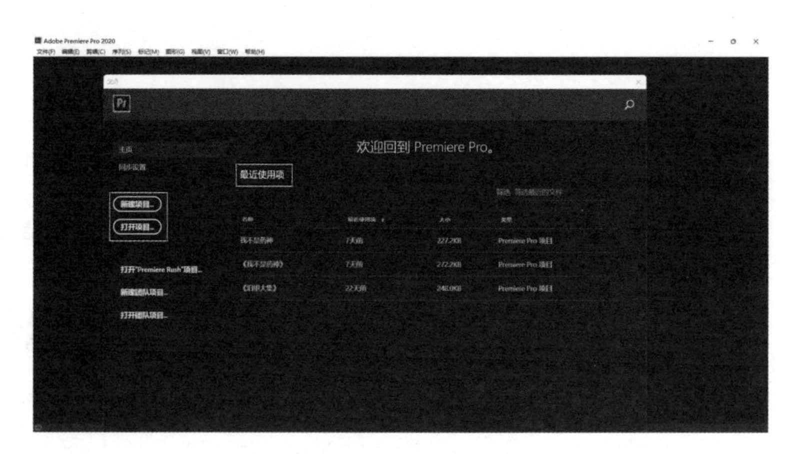

图 2-1-1　主页面板

1. 新建项目

鼠标左键单击“新建项目”，弹出“新建项目面板”，可以设置项目的名称、位置、常规、暂存盘等信息，如图 2-1-2 所示。

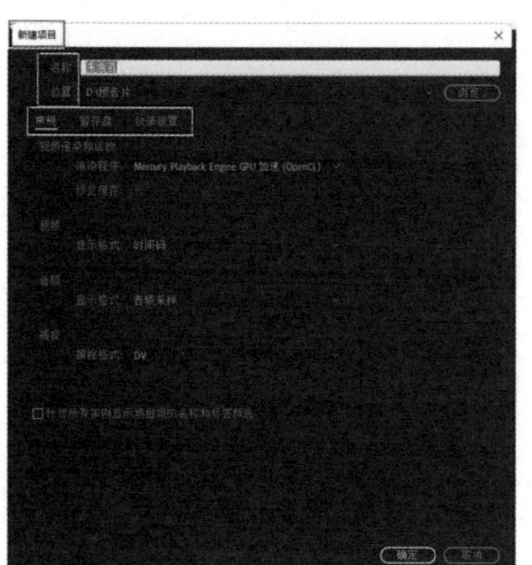

图 2-1-2　新建项目面板

(1) 名称：设置项目名。

(2) 位置：鼠标左键单击“浏览”，设置项目存储位置(注意：尽量不要存储在 C 盘)。

(3) 常规：渲染程序中默认选择“Mercury Playback Engine GPU 加速(OpenCL)”(GPU 加速支持 Nvidia 显卡和 Amd 显卡)，可以更好地对视频素材进行渲染。

(4) 暂存盘：默认存储在 C 盘，可以选择电脑中其他储存位置或与文件保存在同一个存储位置。

(5) 点击“确定”进入 Premiere Pro 项目界面，如图 2-1-3 所示。

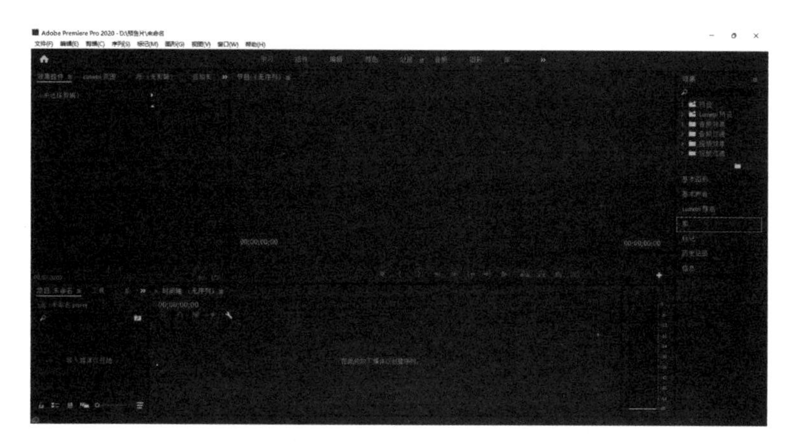

图 2-1-3　Premiere Pro 项目界面

2. 打开项目

鼠标左键单击“打开项目”，弹出“打开项目面板”。根据项目所在位置找到该项目，鼠标左键单击“打开”即可，如图 2-1-4 所示。

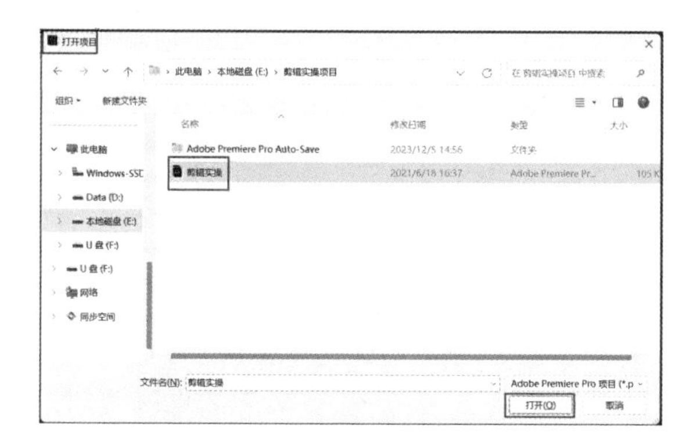

图 2-1-4　打开项目

打开项目后如果文件丢失就会弹出“链接媒体”对话框，如图 2-1-5 所示。

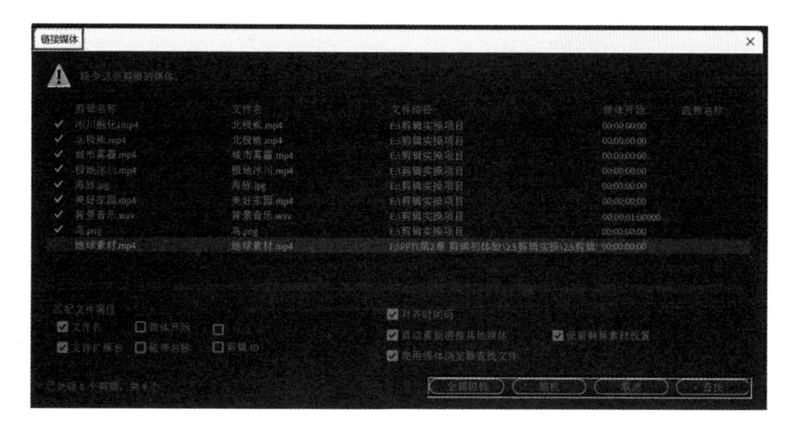

图 2-1-5　链接媒体

(1) 全部脱机：除了已找到的文件外，将其他所有缺失文件替换为脱机文件。

(2) 脱机：将缺失文件替换为脱机文件。

(3) 取消：关闭对话框，并将缺失文件替换为临时脱机文件。

(4) 查找：在查找文件对话框中寻找缺失的文件。

二、Premiere Pro 界面设置

Premiere Pro 2020 软件菜单栏包含“文件”“编辑”“剪辑”“序列”“标记”“图形”“视图”“窗口”“帮助”9 个菜单，如图 2-1-6 所示。

图 2-1-6　菜单栏

Premiere Pro 2020 软件界面布局包含“学习”“组件”“编辑”“颜色”“效果”“音频”“图形”“库”以及隐藏的“所有面板”“元数据记录”10 个界面布局设置。

鼠标左键单击“»”可以调取隐藏的所有面板、元数据记录面板以及编辑工作区，如图 2-1-7 所示。

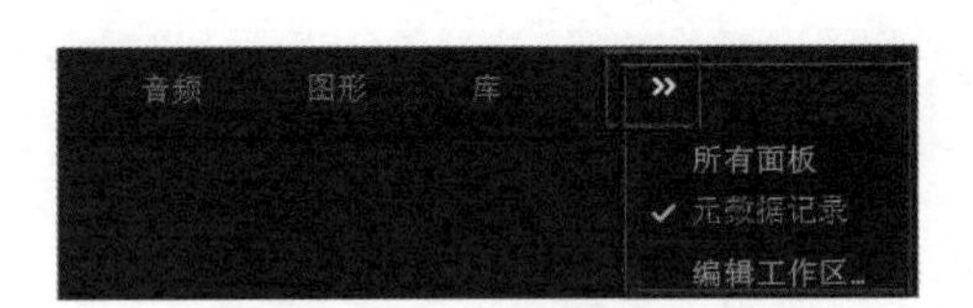

图 2-1-7　隐藏信息

工作区中的各个面板也可以根据自己工作习惯进行调整与保存设置。鼠标左键单击“窗口”可以调取所有的面板选项，根据工作需要勾选相应面板，如图 2-1-8 所示。

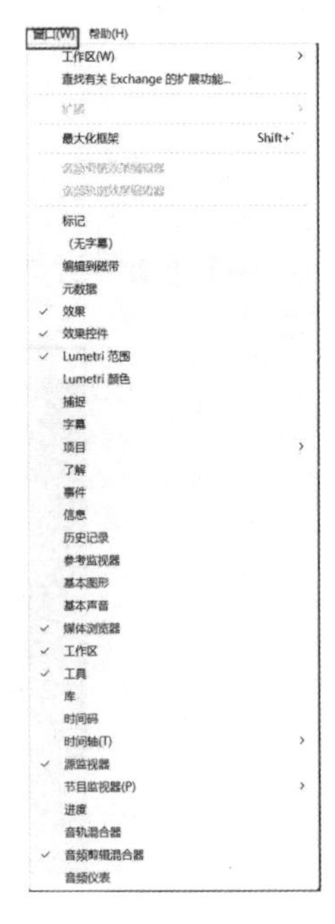

图 2-1-8　窗口

三、常用面板介绍

1. 源窗口面板

源窗口面板中可以看到导入的音视频素材，如图 2-1-9 所示，也可以对音视频素材进行粗剪操作。源窗口下方的控件和节目窗口下方的控件一致。

2. 项目面板

项目面板主要用来创建、存档和管理音视频素材，可以对素材进行分类、管理等，如图 2-1-10 所示。

图 2-1-9　源窗口面板

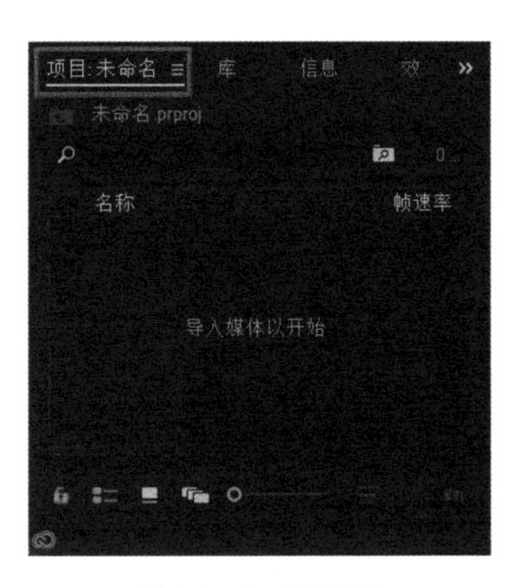

图 2-1-10　项目面板

3. 时间轴面板

时间轴面板也是剪辑过程的一个核心面板。在时间轴面板中可以对素材进行剪辑操作，如图 2-1-11 所示。

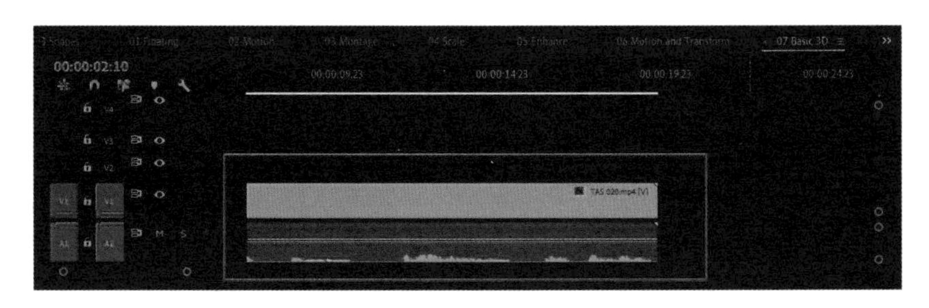

图 2-1-11　时间轴面板

4. 节目面板

节目面板用于显示时间轴中的剪辑效果，如图 2-1-12 所示。

5. 效果控件面板

效果控件面板用于调整视频的基本运动属性以及添加的音视频特效属性等，如图 2-1-13 所示。

6. 效果面板

效果面板提供多类音视频特效和过渡效果。通过效果面板，可以轻松地将效果拖到剪辑视频素材上，进行实时预览和调整，使剪辑过程更加直观和高效，如图 2-1-14 所示。

图 2-1-12　节目面板

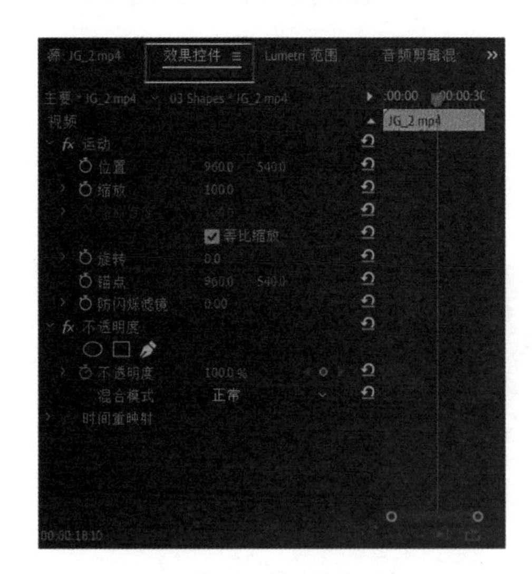

图 2-1-13　效果控件面板

图 2-1-14　效果面板

7. Lumieretri 范围面板

Lumieretri 范围面板提供了一系列的图形显示和控件，用于观察视频的色彩和亮度情况，如图 2-1-15 所示。

8. Lumieretri 颜色面板

Lumieretri 颜色面板用于调整颜色，是校正颜色和调色的主要工具，如图 2-1-16 所示。

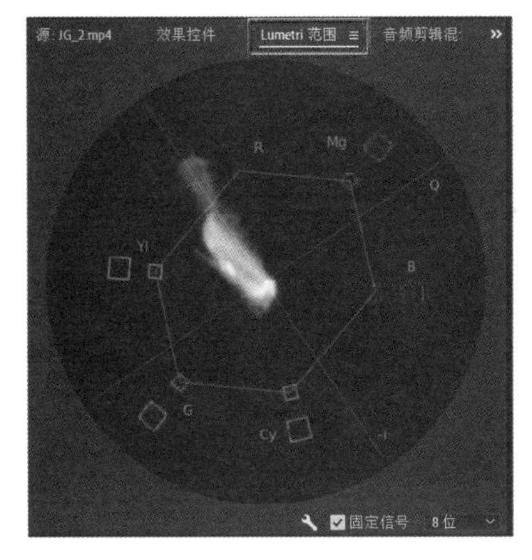

图 2-1-15　Lumieretri 范围面板

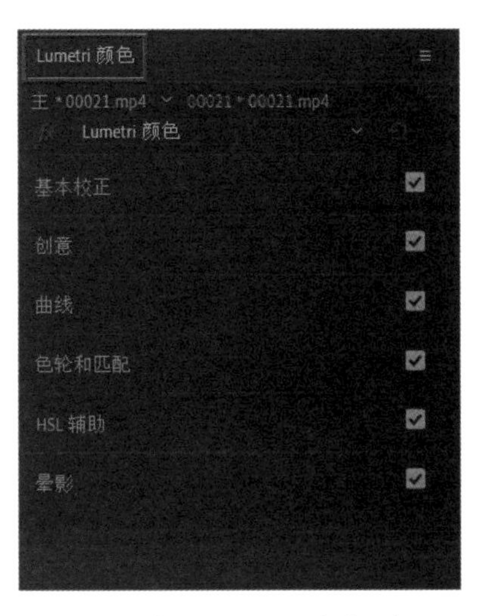

图 2-1-16　Lumieretri 颜色面板

9. 基本图形面板

基本图形面板用于处理图形和文字图层。基本图形面板可以添加、编辑和管理视频中的图形元素，包括文字、形状、标注等，如图 2-1-17 所示。

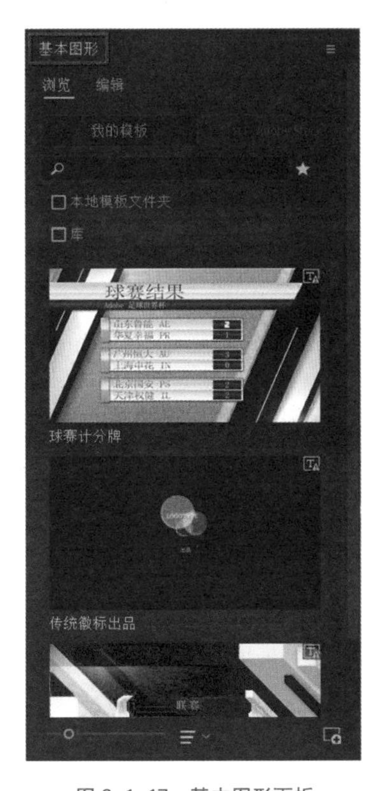

图 2-1-17　基本图形面板

10. 音频剪辑混合器面板

音频剪辑混合器面板用于调整和控制音频的音量、平衡、效果等参数，也可以通过音频剪辑混合器录制外置音频，如图 2-1-18 所示。

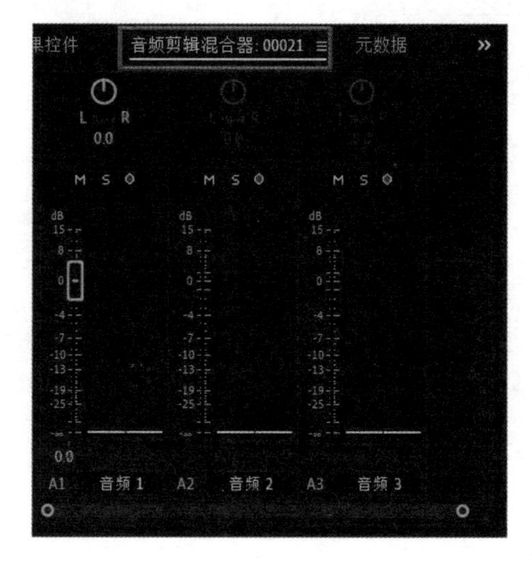

图 2-1-18　音频剪辑混合器面板

四、Premiere Pro 序列设置

序列设置

序列设置通常是根据制作视频项目来定，常用的视频尺寸有高清、全高清、2K、4K。高清视频尺寸为 1 280×720(720P)、全高清视频尺寸为 1 920×1 080(1 080P)、2K 视频尺寸为 2 560×1 440(2K UHD)、4K 视频尺寸为 3 840×2 160(4K UHD)。

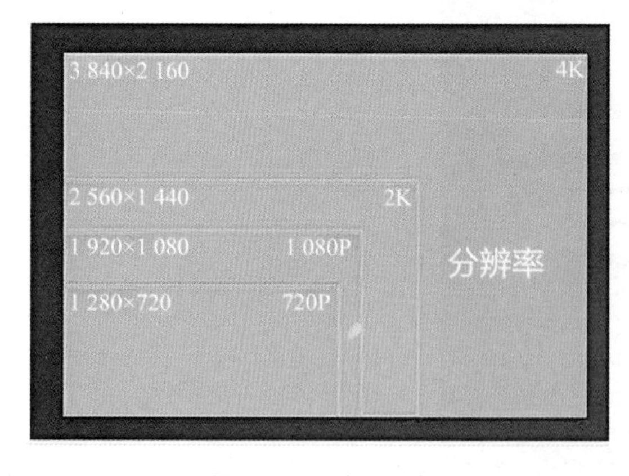

图 2-1-19　序列尺寸

P 本身表示的是逐行扫描，是 Progressive 的缩写。这里的 720P、1 080P 表示的是视频像素的总行数，720P 表示视频有 720 行的像素。最小的是 720P，它的尺寸是 1 280×720。也就是说它的横坐标由 1 280 个像素，纵坐标由 720 个像素组成，可以称为高清。K 表示的是视频像素的总列数，4K 表示的是视频有 3 840 列像素数，如图 2-1-19 所示。通常在制作项目视频时，根据客户需求设置。

新建序列：执行“鼠标左键单击文件”—“新建”—“序列”，快捷键是“Ctrl”+“N”键，如图 2-1-20 所示。

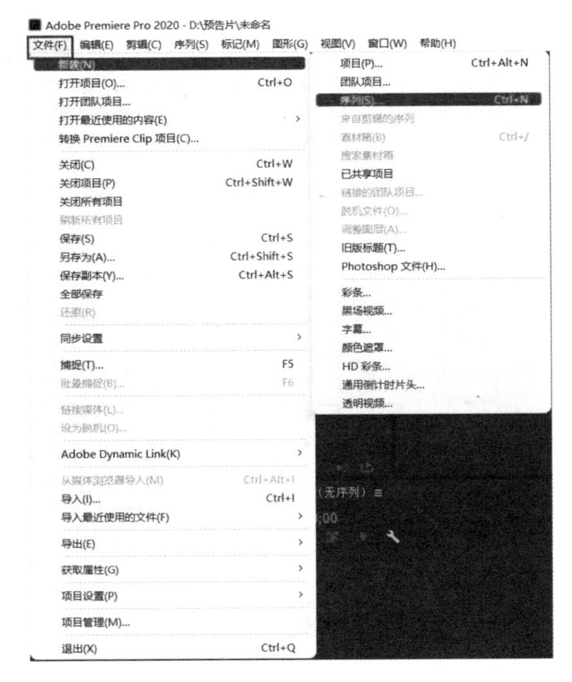

图 2-1-20　新建序列

弹出新建序列面板，“序列预设”中有一些可用预设。可用预设是根据不同摄像机的型号进行排列的。鼠标左键单击“HDV”—选择“HDV1080p25”—“预设描述”中可以显示当前序列设置的详细参数，如图 2-1-21 所示。

图 2-1-21　新建序列预设

鼠标左键单击“设置”—“编辑模式选择自定义”，可以进行一个自定义的设置。“时基”也就是帧速率，选择 25 帧每秒。视频“帧大小”根据客户的需要设置，当前设置为 1 280×720，“像素长宽比”选择“方形像素(1.0)”，“场”选择“逐行扫描”，“显示格式”为“25fps 时间码”，“音频”以及“预览文件”选择默认即可，“序列名称”根据项目命名，鼠标左键单击“确定”即可完成序列的创建，如图 2-1-22 所示。

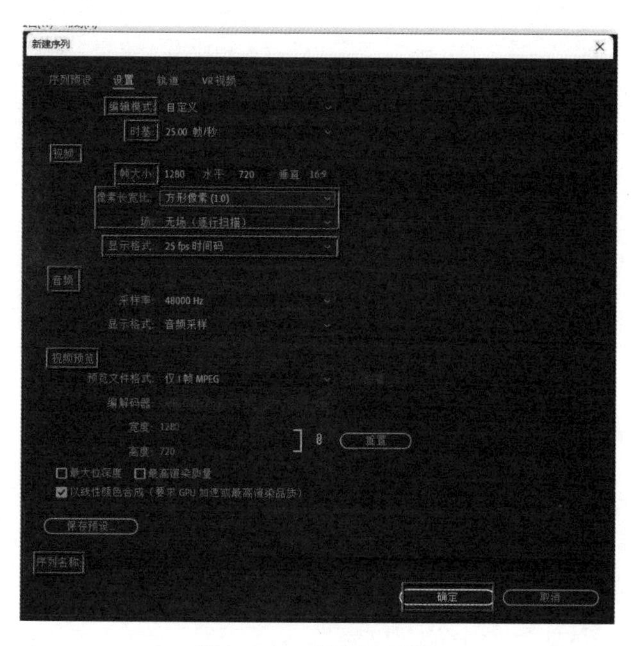

图 2-1-22　新建序列设置

新建序列也可以依据项目面板中的素材创建，鼠标左键选择剪辑素材，直接拖拽到时间轴，便会依照剪辑素材信息创建序列，如图 2-1-23 所示。

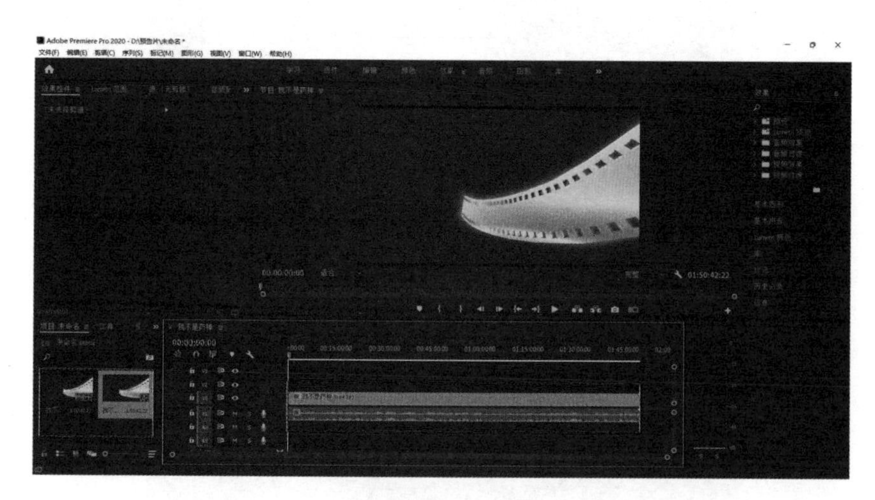

图 2-1-23　创建序列

五、素材的导入与整理

1. 素材导入

（1）在项目窗口双击：在项目面板中，执行：鼠标左键双击—进入电脑硬盘中—找到要导入的素材文件—鼠标左键单击选择素材文件，如图 2-1-24 所示，点击打开文件并导入到项目面板中。

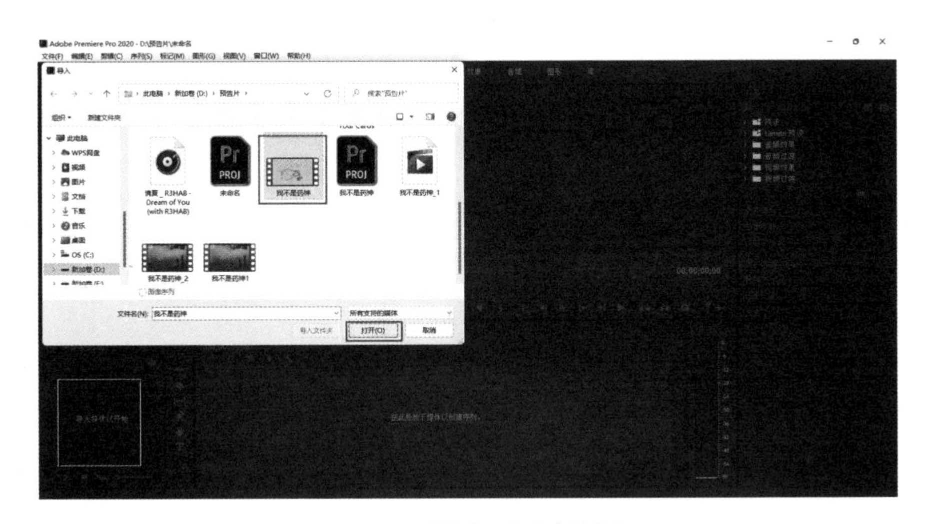

图 2-1-24　项目窗口双击素材导入

（2）在项目窗口右键单击：在项目面板中，执行：单击鼠标右键—鼠标左键单击导入，如图 2-1-25 所示，找到要导入的素材文件，点击打开素材文件，如图 2-1-26 所示，并导入到项目面板中。

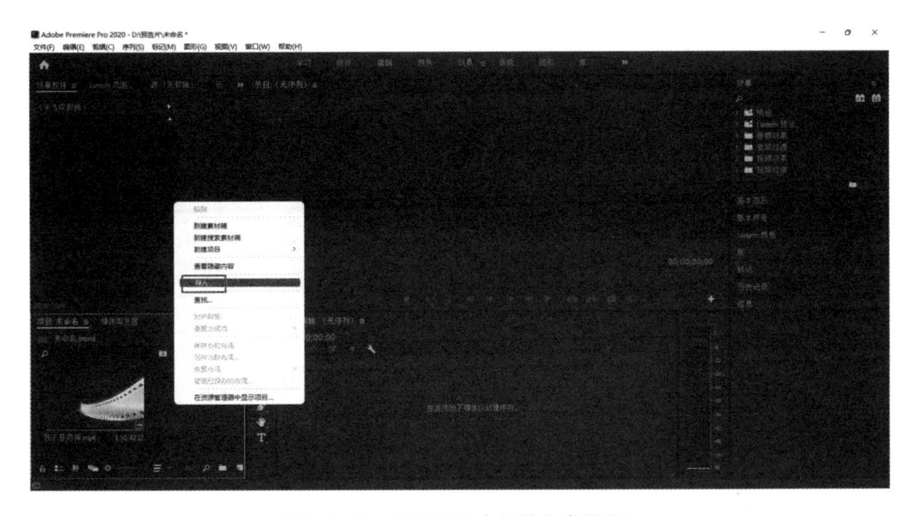

图 2-1-25　项目窗口右键单击素材导入

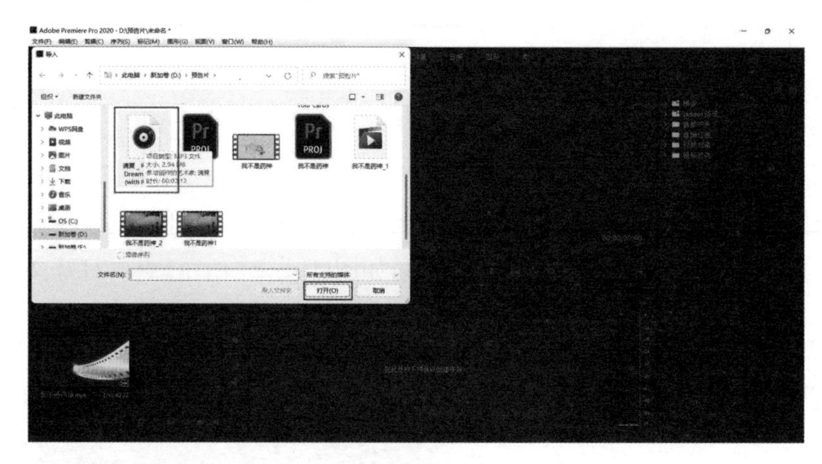

图 2-1-26 选中素材图

（3）外置拖拽：可以通过外置拖拽的方法导入项目面板中。执行：打开文件夹—选择要导入的素材文件—鼠标左键拖拽到项目面板中，如图 2-1-27 所示，素材文件导入进来。执行效果如图 2-1-28 所示。

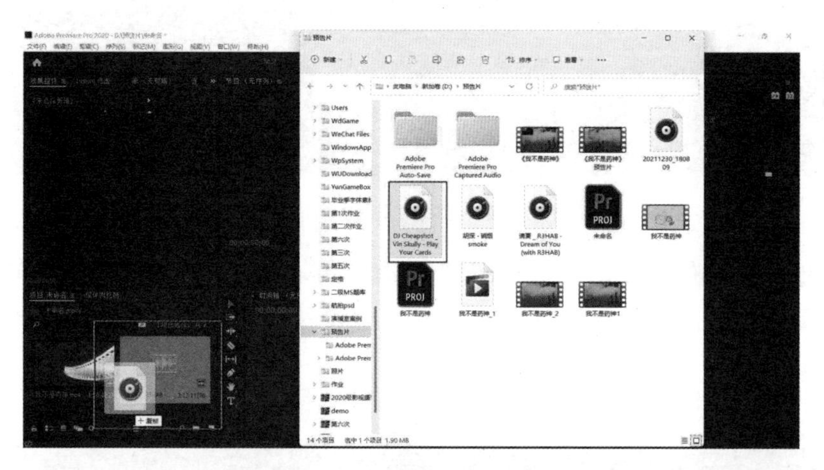

图 2-1-27 外置拖拽素材导入

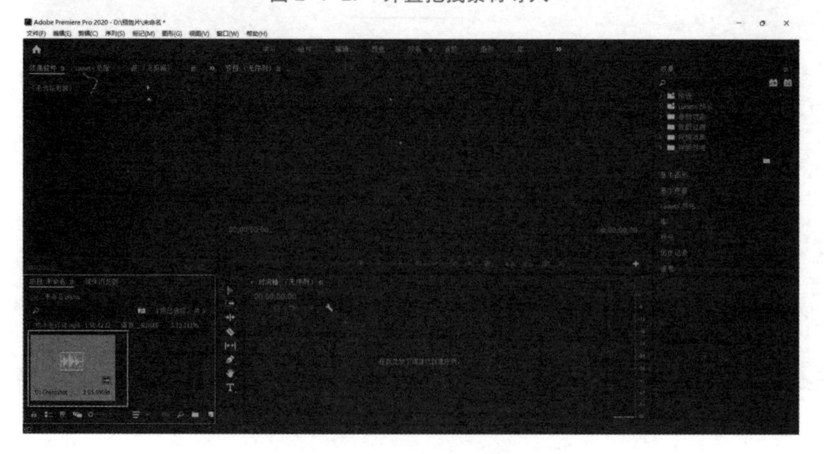

图 2-1-28 素材导入图

（4）在媒体浏览器中：可以通过媒体浏览器的方式进行导入。执行：点击媒体浏览器—找到素材存储的位置—选择素材、单击鼠标右键—点击导入，如图 2-1-29 所示，并导入项目面板中。执行效果如图 2-1-30 所示。

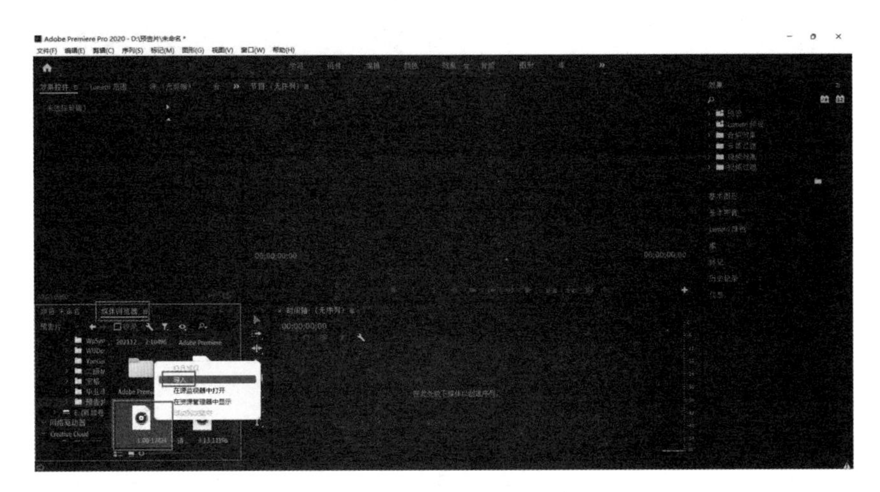

图 2-1-29　媒体浏览器导入素材

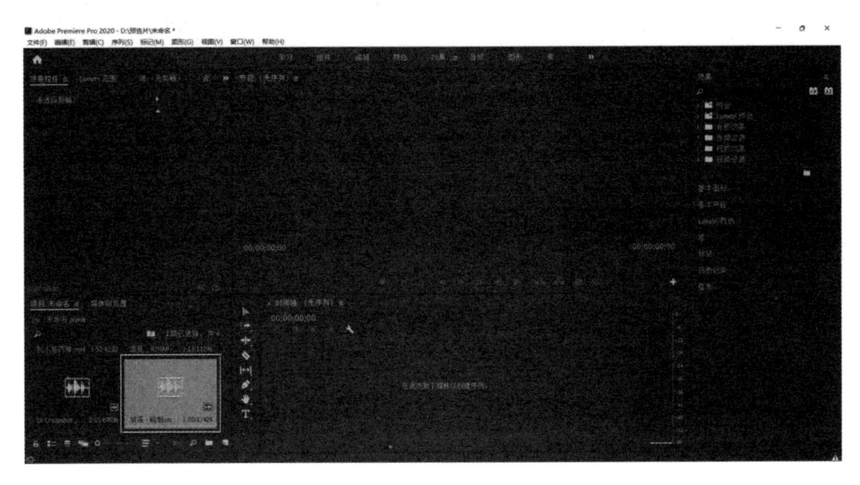

图 2-1-30　素材导入图

2. 素材的整理

在项目面板中，要对素材进行整理。在剪辑过程中，素材会特别多，所以需要对素材进行整理和分类。在面板的右下角有一个新建素材箱，执行鼠标左键单击新建素材箱，可以给素材箱重新命名。如图 2-1-31，可以将项目中的文件，拖拽到素材箱中以便整理。

通过列表视图观看素材文件，在列表视图中可以详细地看见文件的名称、帧速率、开始时间、结束时间、持续时间、视频入点、视频出点等信息，如图 2-1-32 所示。当然也可以对于同类型素材进行整理分类。对于同类型的素材，鼠标移至图标上单击右键—点击"标签"。如图 2-1-33 所示，选择一种颜色，将同类型的素材标记成同一种颜色，便于后期对素材的选取。

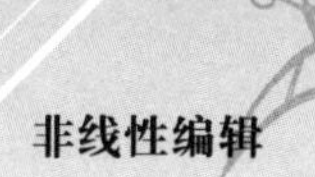

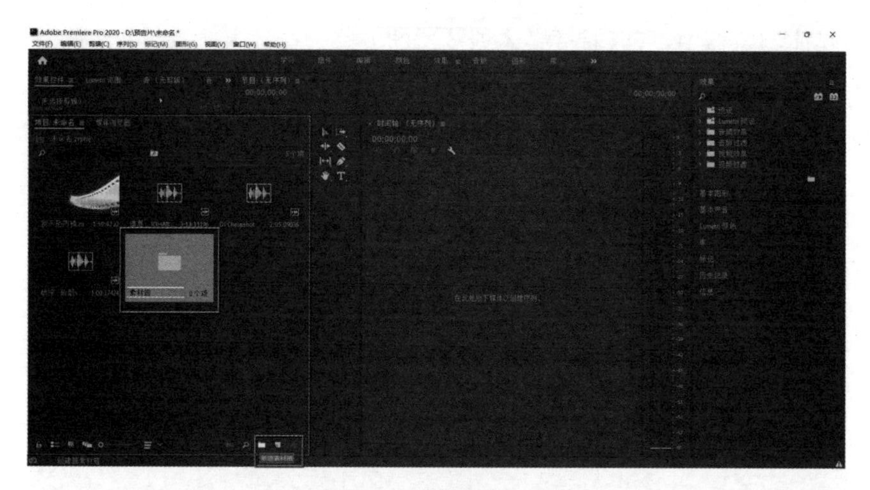

图 2-1-31　新建素材箱

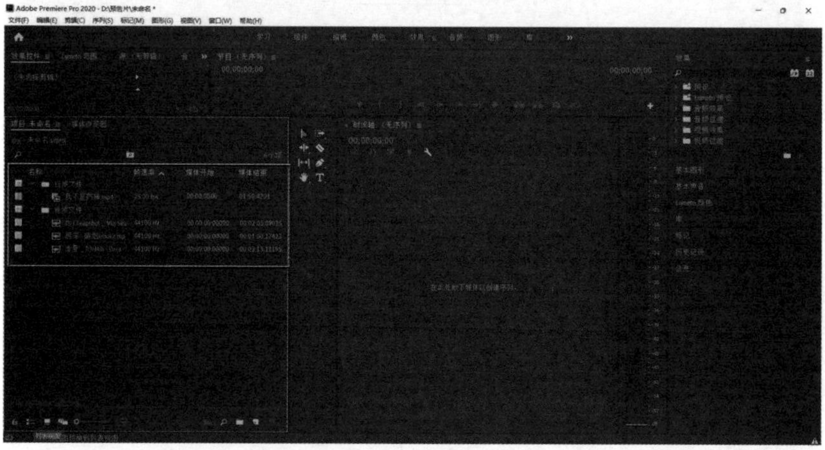

图 2-1-32　列表视图

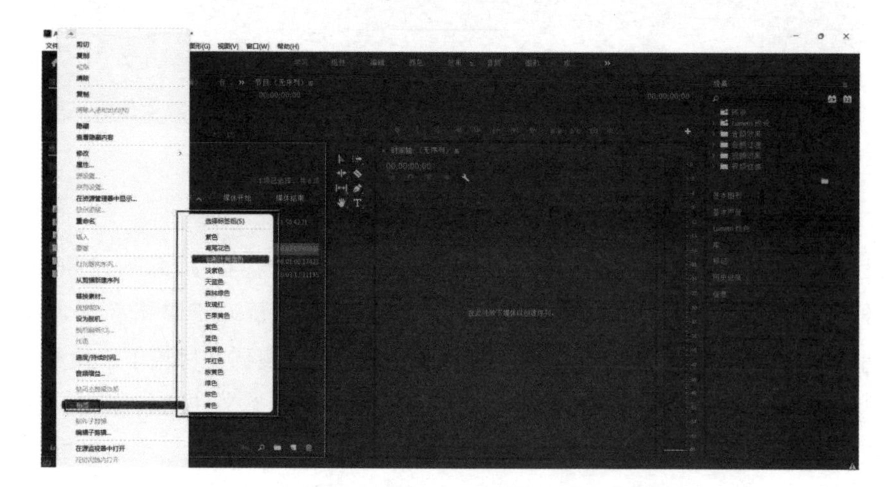

图 2-1-33　标签

项目面板下方的进度条，向右拖拽，可以放大显示文件，向左拖拽可以缩小显示文件，点击图标视图，可以更清楚地看到文件。如图 2-1-34 所示，用鼠标移至视频文件夹，双击鼠标左键可以打开素材箱看见视频文件。在视频文件中单击鼠标左键会出现一个滑块，拖拽可以预览素材，如图 2-1-35 所示。

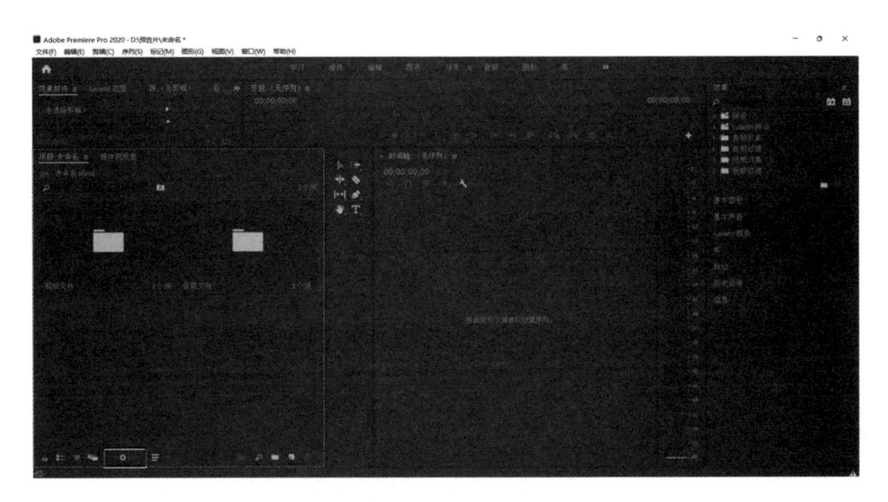

图 2-1-34　进度图

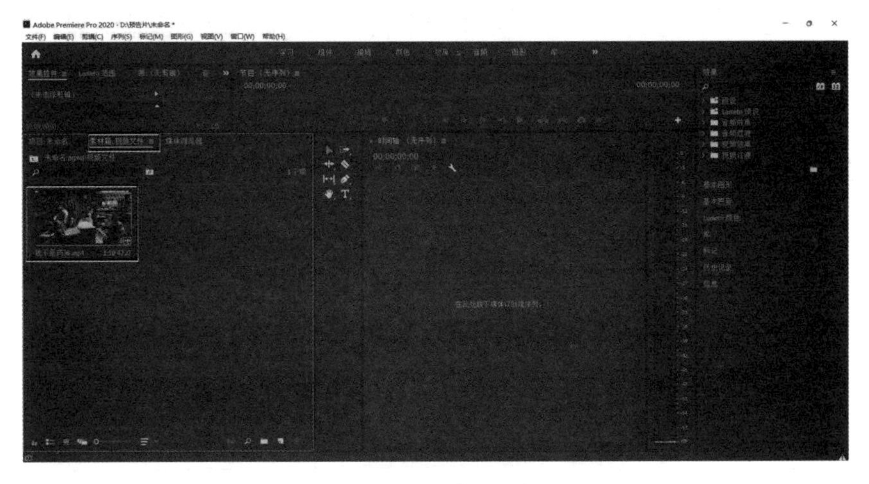

图 2-1-35　素材文件

双击鼠标左键，可以在源窗口中显示视频素材。如图 2-1-36 所示，鼠标左键单击“播放”，可以在源窗口中对于素材进行粗略地剪辑。拖拽时间线到自己想要的地方，点击“标记入点”，它的快捷键为 I 键，可以这一点作为切入点，如图 2-1-37 所示。然后选择自己想要的结尾，点击“标记出点”，它的快捷键为 O 键，作为切出点，如图 2-1-38 所示。想要更为确切的画面，可以点击“后退一帧”按键，如图 2-1-39 所示，或者“前进一帧”按键，如图 2-1-40 所示，可以逐帧播放画面。转到入点是可以让画面快速地转到入点，快捷键为

"Shift"+"I",如图 2-1-41 所示。转到出点就是可以让画面快速地转到出点,快捷键为"Shift"+"O",如图 2-1-42 所示,可以来回切换。调整好的素材可以用鼠标左键直接拖拽到时间轴上,时间轴面板中会弹出一个对话框问是否更改序列设置。这里原素材与新建的序列是不匹配的,更改序列设置是按原始素材设置序列,保持现有设置,是已建好的序列,如图 2-1-43 所示。点击"插入",也可以将粗剪的素材直接插到时间线停留的位置,如图 2-1-44 所示。覆盖是指直接替代时间线面板中现有的素材,如图 2-1-45 所示。这个相机的图标是导出帧,可以将目前的视频导出一张画面。可以设置导出帧的名称,如图 2-1-46 所示。选择导出这张画面的格式,调整导出的位置存储路径,点击"浏览"选择想要的硬盘位置(勾选"导入到项目中",图片便会导入到项目中,不勾选则只是保存在电脑上),点击"确定"即可,如图 2-1-47 所示。

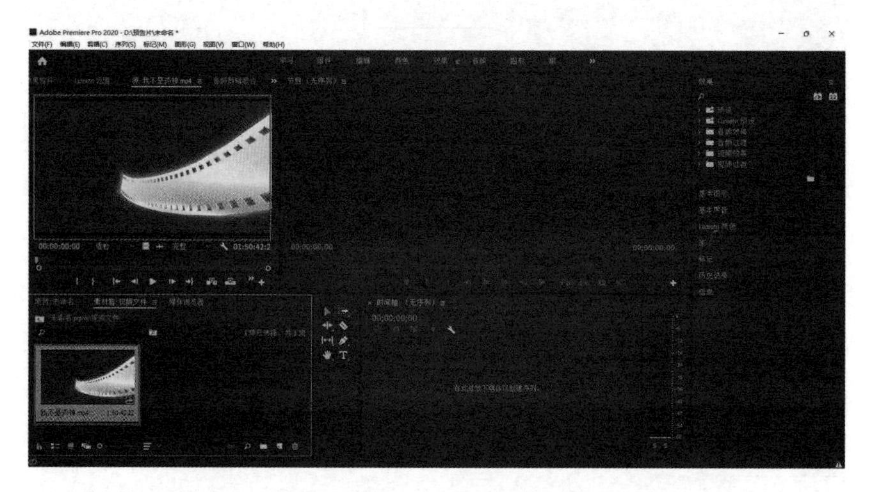

图 2-1-36　源窗口视频素材显示

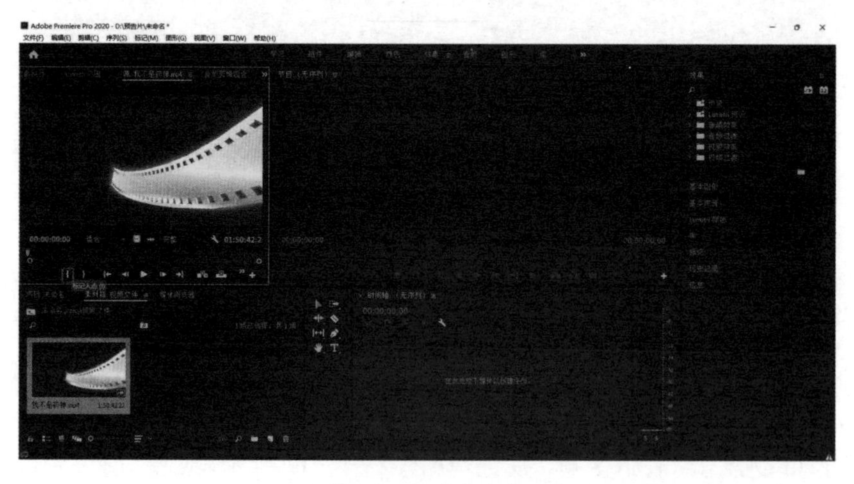

图 2-1-37　标记入点

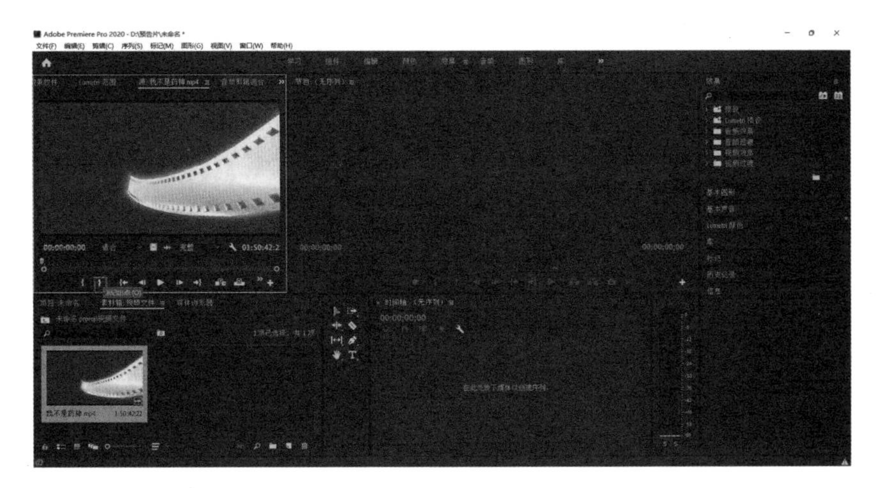

图 2-1-38　标记出点

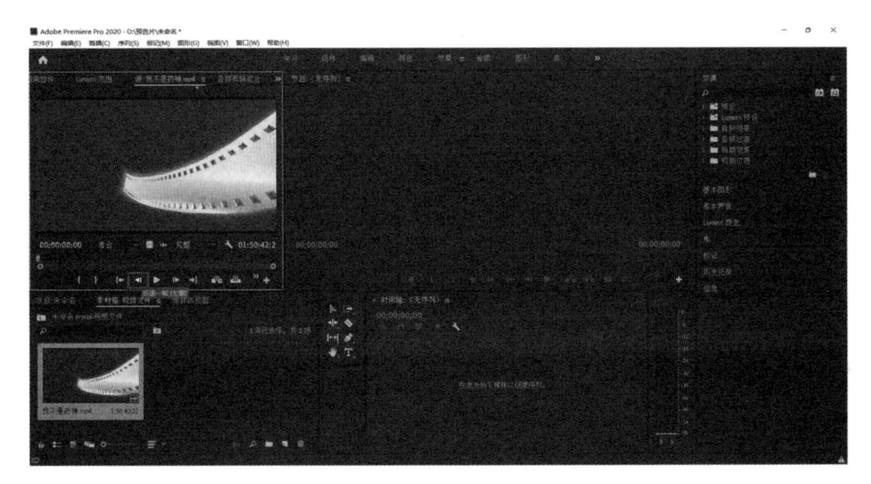

图 2-1-39　后退一帧

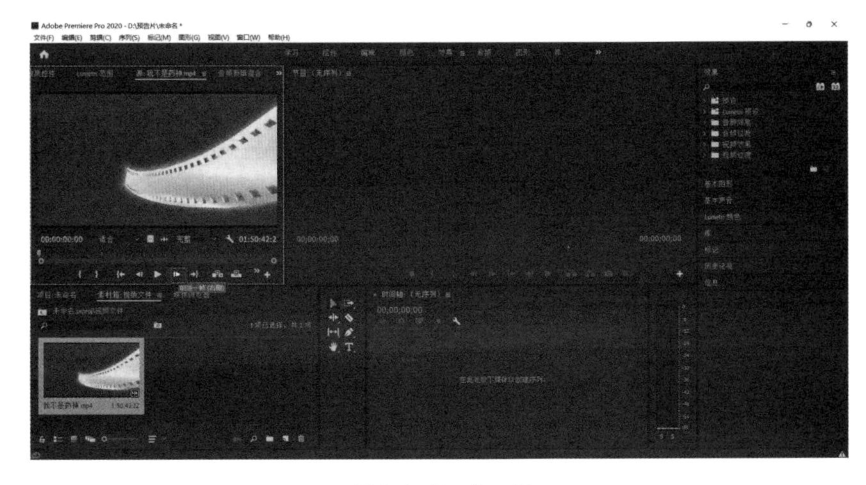

图 2-1-40　前一帧

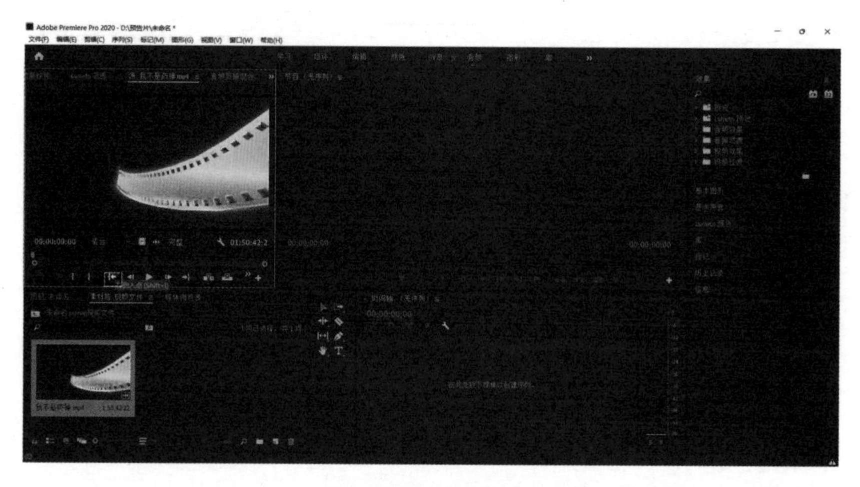

图 2-1-41　转到入点

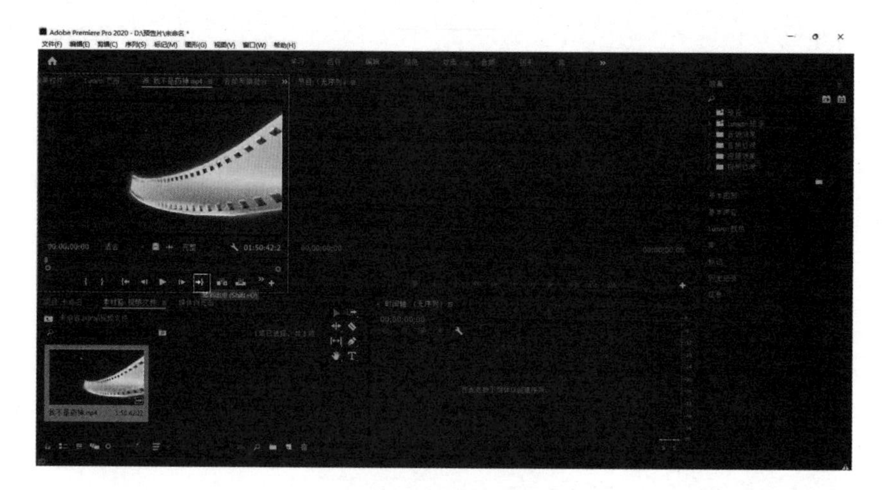

图 2-1-42　转到出点

图 2-1-43　剪辑不匹配警告

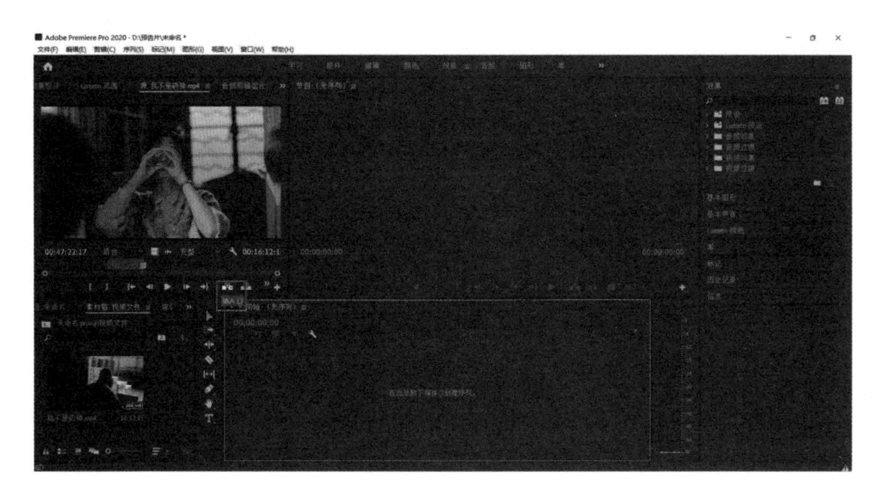

图 2-1-44　插入

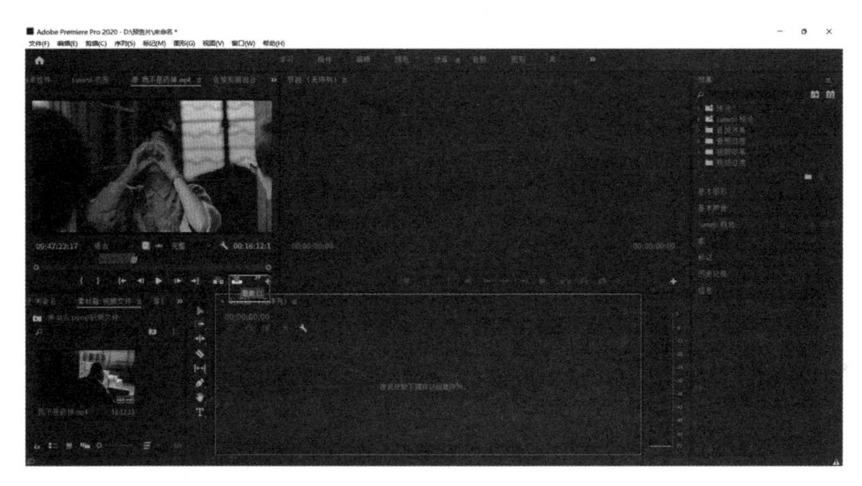

图 2-1-45　覆盖

图 2-1-46　导出帧

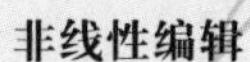

图 2-1-47　导出帧设置

六、时间轴面板

时间轴面板当中左上角有一个时间码，从左至右依次表示的是“小时”“分钟”“秒”“帧”。用鼠标拖拽时间线的时候，这里的数字会相应地发生变化，精确地显示当前时间轴所在的位置。

图 2-1-48　时间轴面板设置

“磁铁”符号，快捷键是 S 键，是自动与前面素材吸附的功能。比如鼠标点击素材是任意移动的，当打开这个吸附功能的时候，后一个素材可以直接与前一个素材进行吸附作用，如图 2-1-48 所示。

添加标记工具，快捷键是 M 键。这个工具非常重要，它可以用来做标记。这个标记的颜色可以更改，并可提示重要的信息。鼠标左键双击标记工具，会弹出标记对话框，可以对标记进行命名，如图 2-1-49 所示，可以设置标记的颜色，可以对标记进行注释，添加具体的

图 2-1-49　标记设置

字幕，单击“确定”，添加完毕。它也可以在我们选择一些重要的节奏点上进行标记，如果不需要则右键单击选择“清除所选标记”或者是“清除所有标记”，如图 2-1-50 所示。

图 2-1-50　清除标记

(1) 视频轨道：在视频轨道左边第一个符号是一个小锁工具，这个工具的功能是锁定。当点击锁定的时候，这个素材就会被锁住，视频素材就无法进行移动和修改，如图 2-1-51 所示。

第二个符号是以此轨道为目标切换轨道。当点击它时说明轨道被选中，当关闭后进行一些操作时，这个轨道是没有被激活的。

第三个符号切换同步锁定工具，它是在波纹、删除、插入、覆盖等功能使用时才会体现。

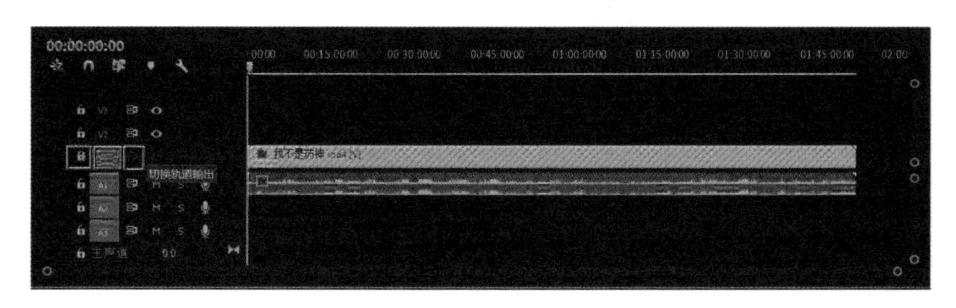

图 2-1-51　视频轨道

第四个符号眼睛是显示与不显示功能，当打开时显示当前轨道，当关掉时则表明该轨道不显示，如图 2-1-52 所示。

可以对轨道的大小进行调整。例如，当鼠标左键移动到两个轨道之间，可以按住鼠标左键来拖拽调整轨道的大小，当轨道调大可以在轨道上看到视频画面，如图 2-1-53 所示。快捷键“Ctrl”+“+”可以对 3 个视频轨道同时放大，快捷键“Ctrl”+“－”可以对 3 个视频轨道同时缩小。

(2) 音频轨道：第一个图标代表静音轨道。当它打开的时候，说明这个轨道处于一种静音状态(图 2-1-54)。

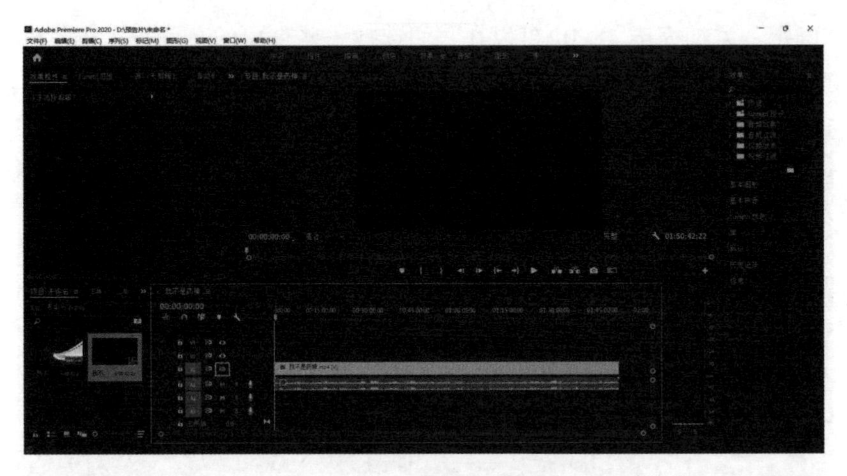

图 2-1-52　视频轨道显示设置

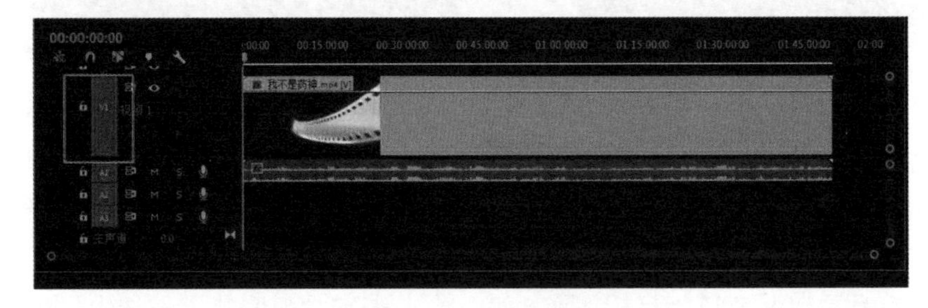

图 2-1-53　轨道设置

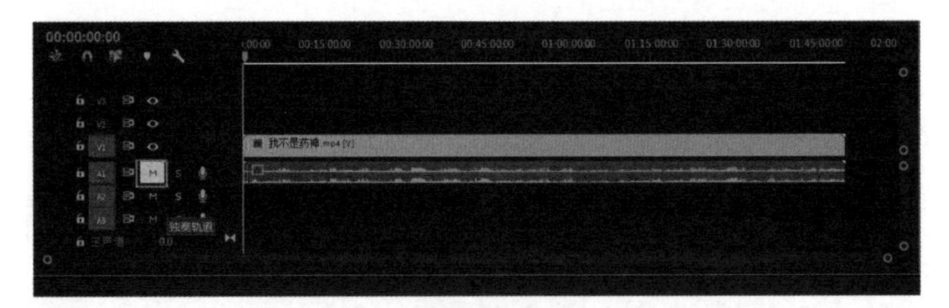

图 2-1-54　静音轨道

第二个属于独奏轨道。当这个窗口打开的时候说明其他音频不显示，只显示当前音频（图 2-1-55）。

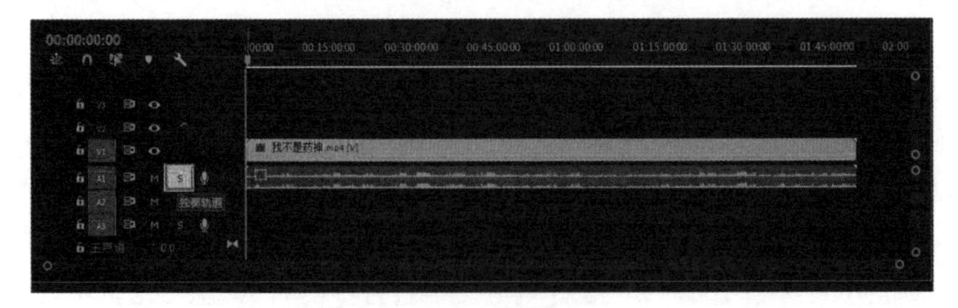

图 2-1-55　独奏轨道

第三个“画外音录制”点开之后，对于配合音频轨道工具，对音频录制画外音(图 2-1-56)。

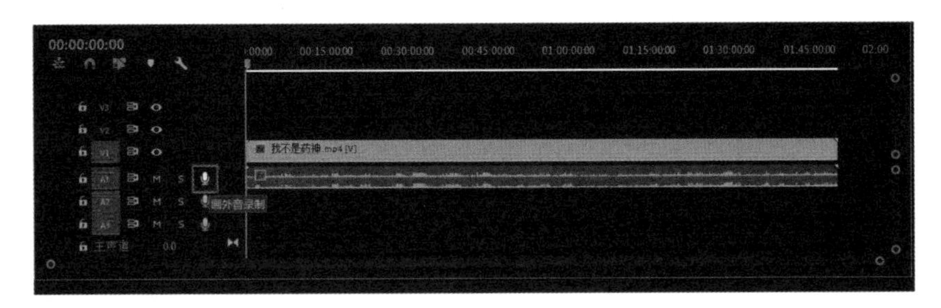

图 2-1-56　画外音录制

可以对音频轨道的大小进行调整，例如，当鼠标左键移动到两个轨道之间，可以按住鼠标左键拖拽调整轨道的大小。快捷键“Alt”+“+”可以对 3 个音频轨道同时放大，快捷键“Alt”+“－”可以对 3 个音频轨道同时缩小。

同时对音视频轨道放大缩小时，快捷键是“Shift”+“+”和“Shift”+“－”。

第 2 节　走进 Premiere Pro 基础工具讲解

一、选择工具与剃刀工具

基础工具讲解

选择工具的快捷键是“V”。鼠标左键单击“选择工具”，将选择工具激活。选择工具激活后，可以对素材进行任意选择。当选择工具放在素材的起点或者末尾点的时候，也可以对素材进行裁剪，如图 2-2-1 所示。接下来介绍的是剃刀工具，用鼠标左键单击“剃刀工具”，将剃刀工具激活，剃刀工具的快捷键是“C”。这个工具可以将素材切开，便于对素材进行调整，如图 2-2-2 所示。如图 2-2-3 所示，选择工具的主要功能是选择素材，剃刀工具可以将素材一分为二。

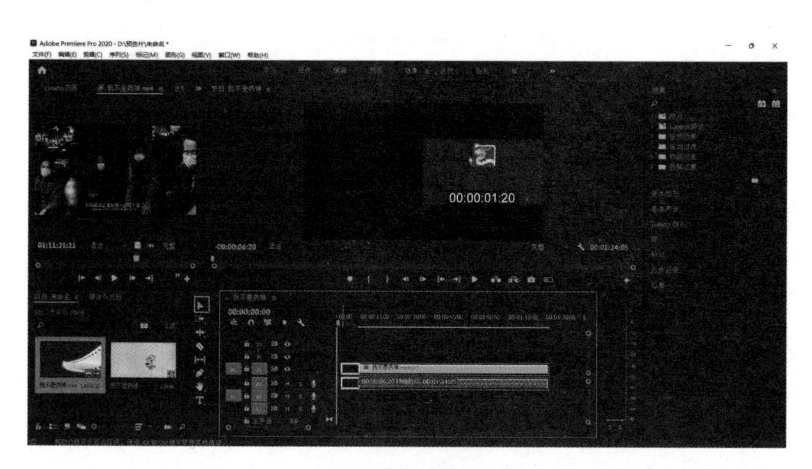

图 2-2-1　选择工具

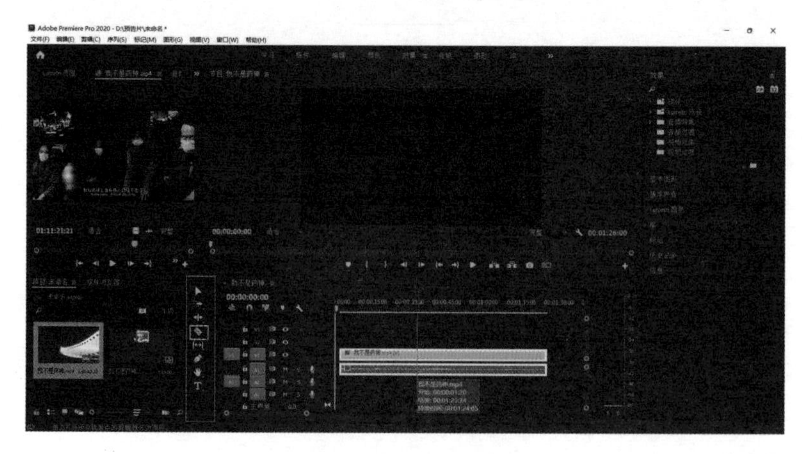

图 2-2-2　剃刀工具

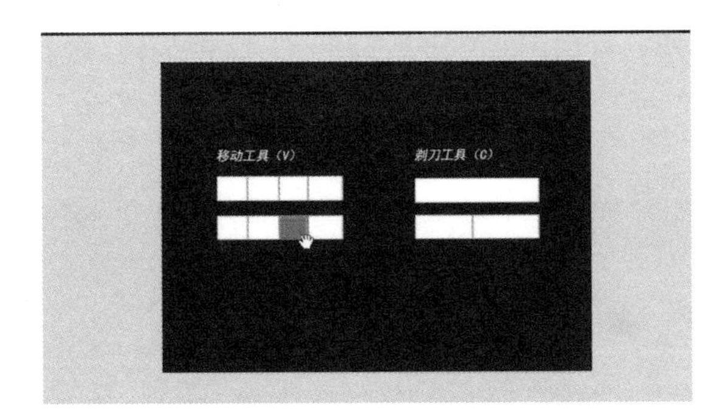

图 2-2-3　移动、剃刀工具

二、向前、向后轨道选择工具

向前轨道工具的快捷键是"A"。当向前轨道选择工具激活后，它的箭头是向右侧，也就是说它可以选择当前以及右侧部分所有的素材，如图 2-2-4 所示。目前箭头是双箭头，意味着它可以选择多轨道素材，当按住键盘上的"Shift"键，它便变成了一个箭头，意味着只能选择一个轨道上的素材，如图 2-2-5 所示。进入工具面板，点开下拉菜单，如图 2-2-6 所示，还有一个向后轨道选择工具，快捷键为"Shift"+"A"，它的箭头方向是向左，可以选择当

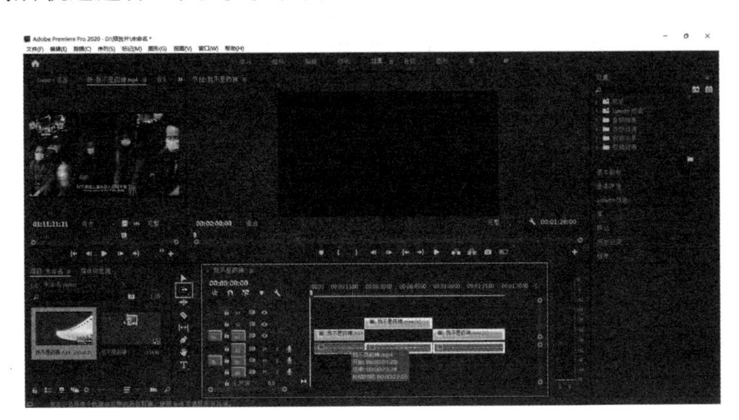

图 2-2-4　向前轨道选择工具

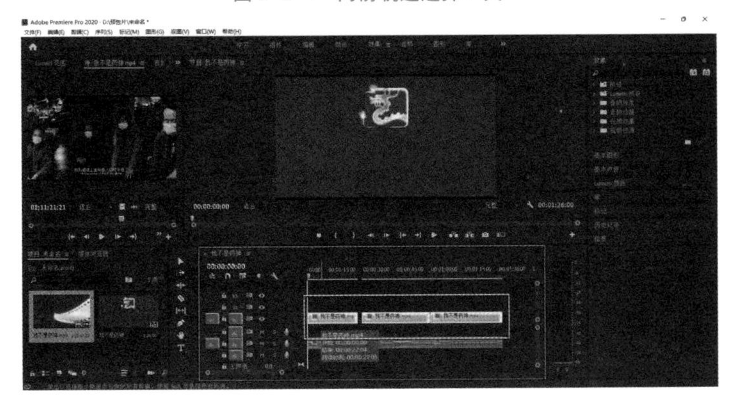

图 2-2-5　只能选择一个轨道

前位置以及左侧部分的所有素材，如图 2-2-7 所示。简单地说，向前轨道选择工具可以选择右侧部分素材，向后轨道选择工具可以选择左侧部分素材，如图 2-2-8 所示。

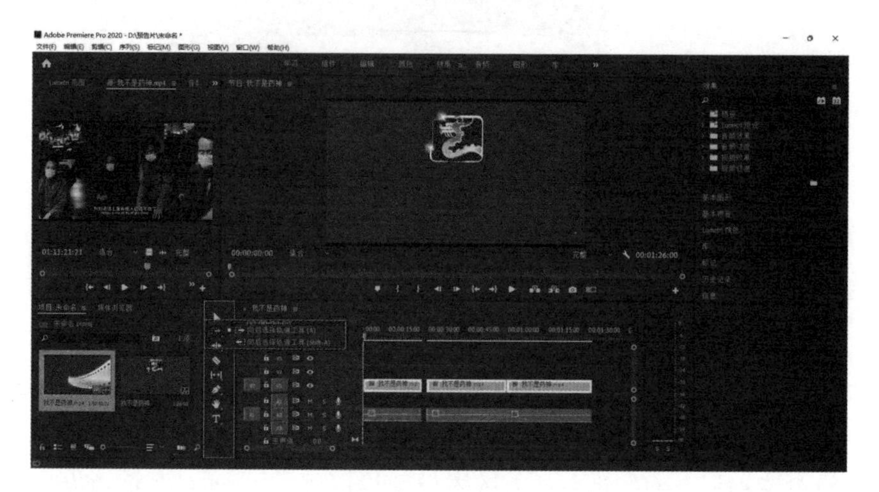

图 2-2-6　二级菜单

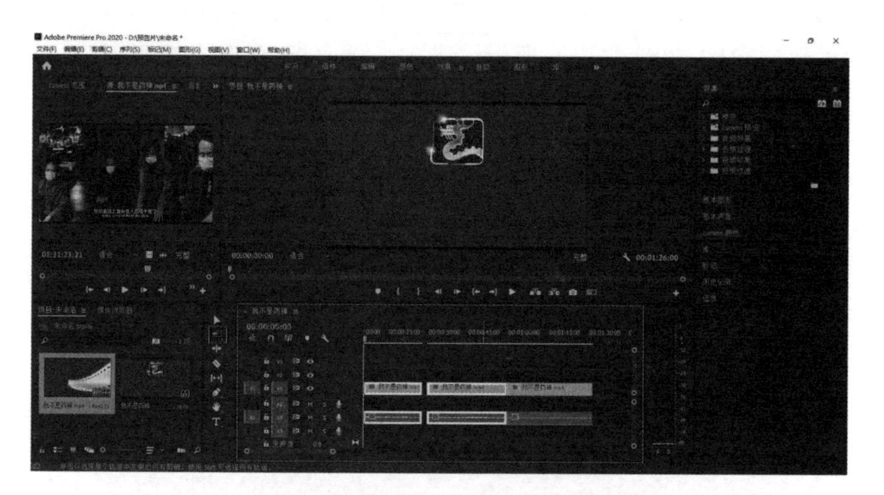

图 2-2-7　选择当前及向左所有素材

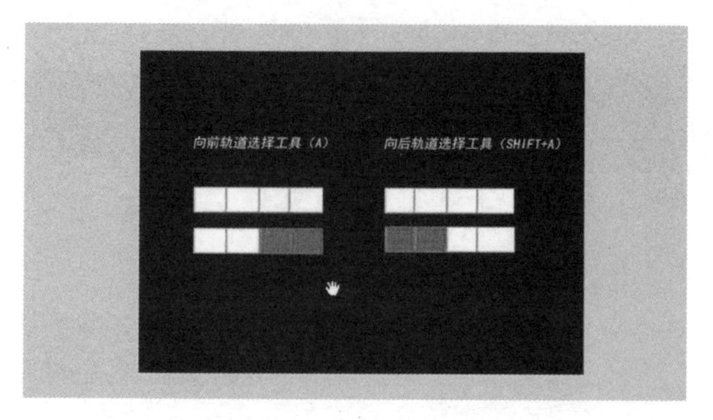

图 2-2-8　向前、向后轨道选择工具

三、波纹编辑工具、滚动编辑工具、比率拉伸工具

波纹编辑工具，快捷键是“B”。它是在视频接口处使用。在视频的接口处向左拖拽，右边的素材会自动吸附在左边的位置上。那么把素材向后拖拽，同时右边的素材会自动地吸附在素材中，使素材依次排开。但是这个轨道工具放在视频中间是不能用的，如图 2-2-9、图 2-2-10 所示。滚动编辑工具，快捷键是“N”。用滚动编辑工具调整素材，前一段素材时长变短，后一段素材时长延长，整体时长不变，如图 2-2-11、图 2-2-12 所示。比率拉伸工具，快捷键是 R。它可以调整整个素材的节奏，可以加快播放视频素材，也可以向后拖拽，使视频素材时长变慢，如图 2-2-13、图 2-2-14 所示。波纹编辑工具可以将素材缩短，使后面素材整体前移，可以将素材拉长，使后面素材后移。滚动编辑工具使前面一段视频素材时长缩短，后面素材时长延长，使前面素材时长延长，后面素材就缩短，整体时长保持不变。比率拉伸工具是将视频素材编码为 1、2、3、4，之后可以将视频素材整体节奏变快。当比例拉伸工具向后拉拽使视频素材整体节奏变慢，如图 2-2-15 所示。

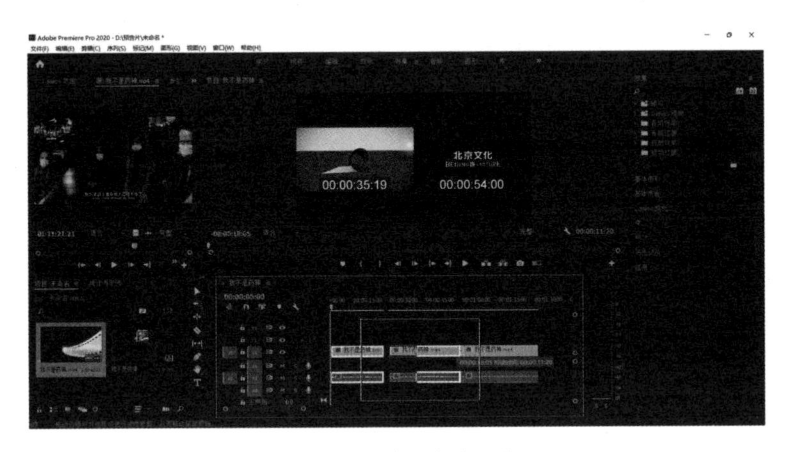

图 2-2-9　素材自动吸附

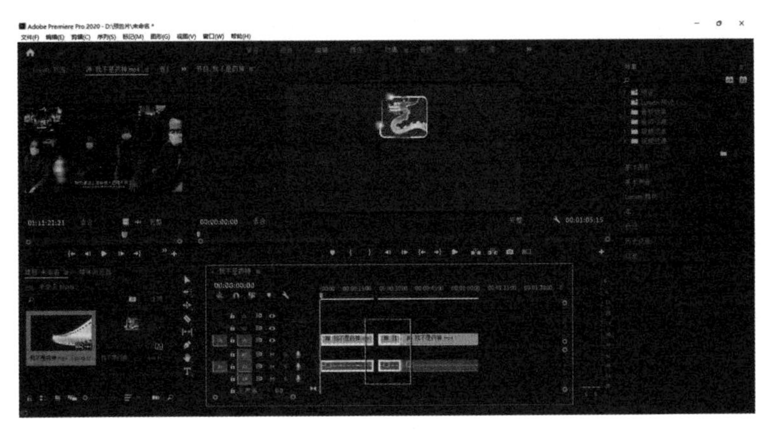

图 2-2-10　目前轨道工具不可用

图 2-2-11　滚动编辑工具

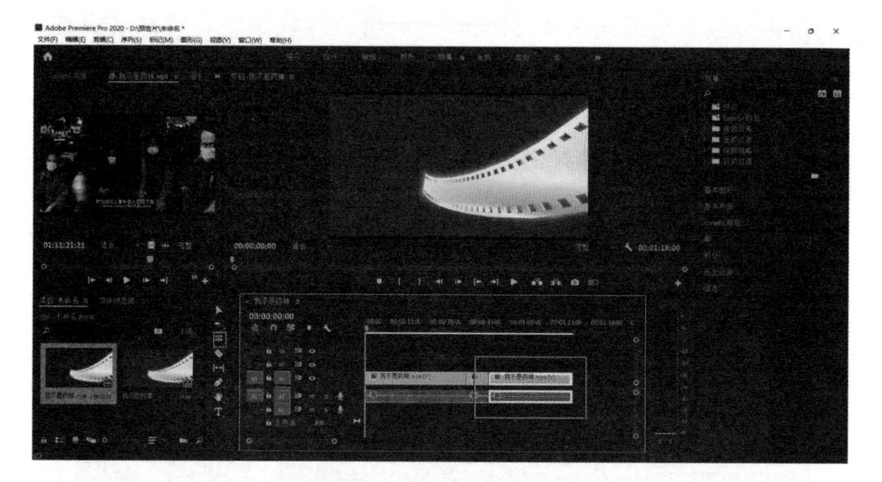

图 2-2-12　总时长不变

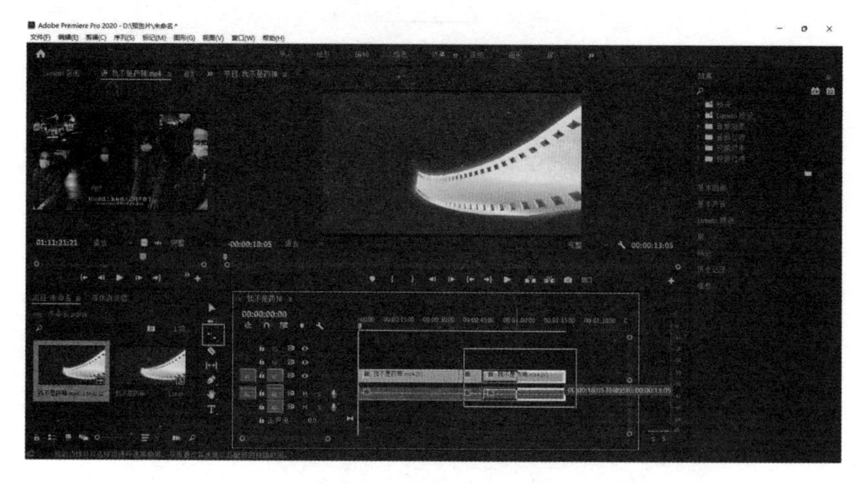

图 2-2-13　比率拉伸工具

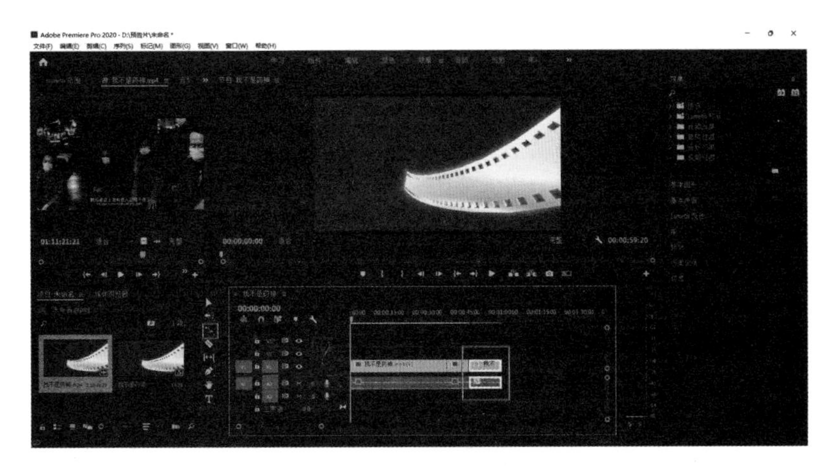

图 2-2-14　可调整素材节奏

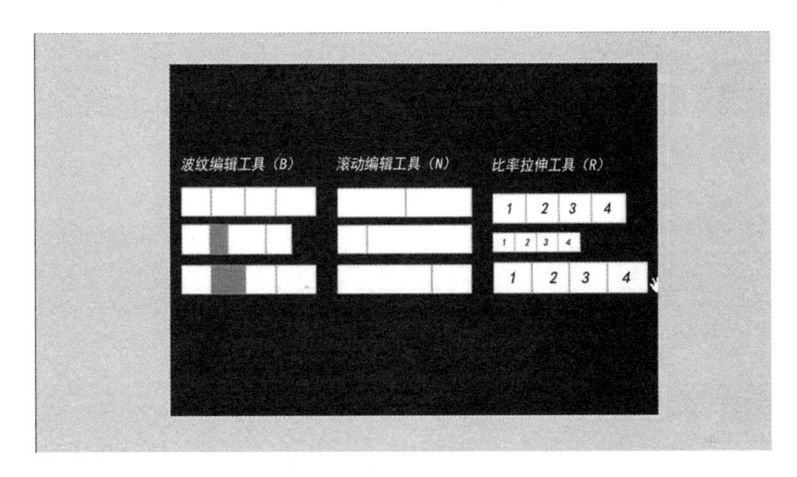

图 2-2-15　工具图例

四、外滑、内滑工具

外滑工具，快捷键为“Y”。当素材已经设置好出入点后，如果感觉素材片段选取不合适，想重新调整，需要先用鼠标左键双击查看该素材的原始素材。如果需要进行调整，选取某一部分为画面中需要的素材，如图 2-2-16 所示。如果需要选用外滑工具，点击“外滑工具”，在素材上进行拖拽，会产生 4 张图，如图 2-2-17 所示。这 4 张图分别是什么意思？如图 2-2-18 所示，左上角为该素材的前一帧画面，右上角为该素材的后一帧画面，这两部分素材用于参考使用，下面左半部分素材为选用素材的起始画面，右半部分为视频的结束画面。内滑工具，快捷键为“U”，它的功能是剪辑点保持不动，在内部滑动素材。可以将素材前移，也可以将素材后移，但素材整体时间不动，如图 2-2-19、图 2-2-20 所示。外滑工具是由 3 个素材片段组成，中间部分可以看成是由 1、2、3、4、5、6 片段组成，但是目前只选用了 3、4 片段。通过外滑工具可以调整该素材，可以向后拖拽，让它显示 4、5、6 片段，也可以向前调整，让它选用 1、2、3 片段，但是左右两侧的剪辑点是保持不动的。使用内滑工具时，前面的素材可以相应地收缩，后面的素材拉长，或者是前面的素材拉长，后面的素材收缩，但是素材本身的时长是保持不变的，如图 2-2-21 所示。

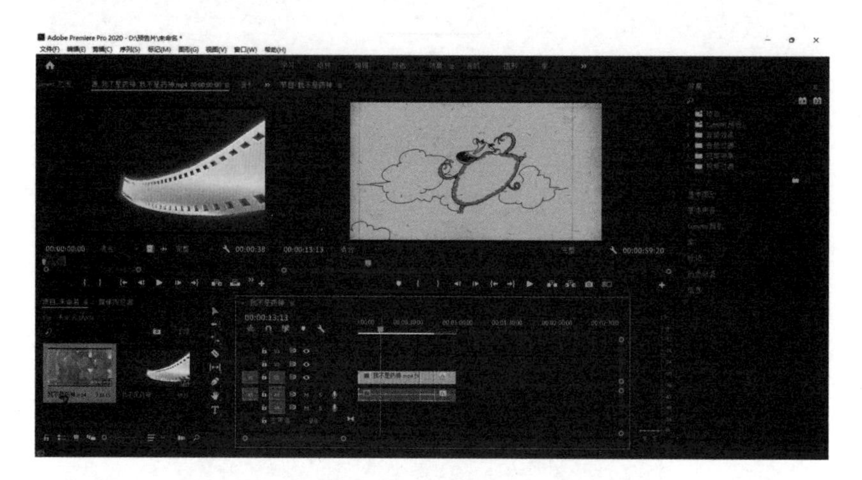

图 2-2-16　选择素材

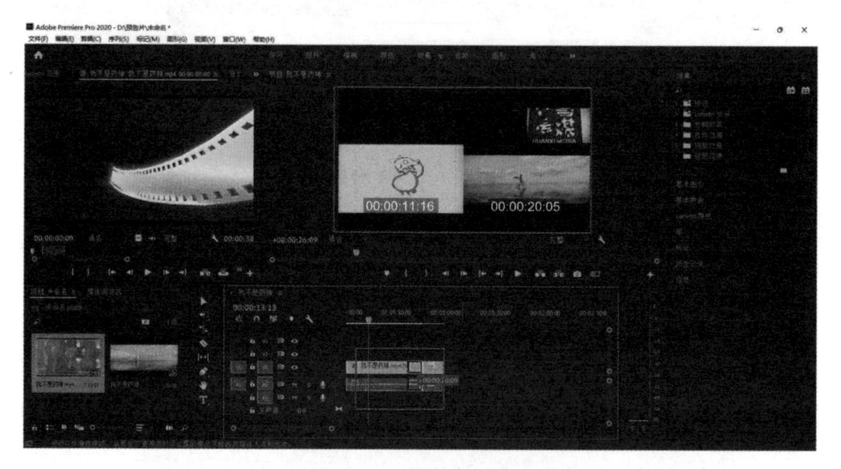

图 2-2-17　选择外滑工具

图 2-2-18　前帧、后帧、起始画面、结束画面

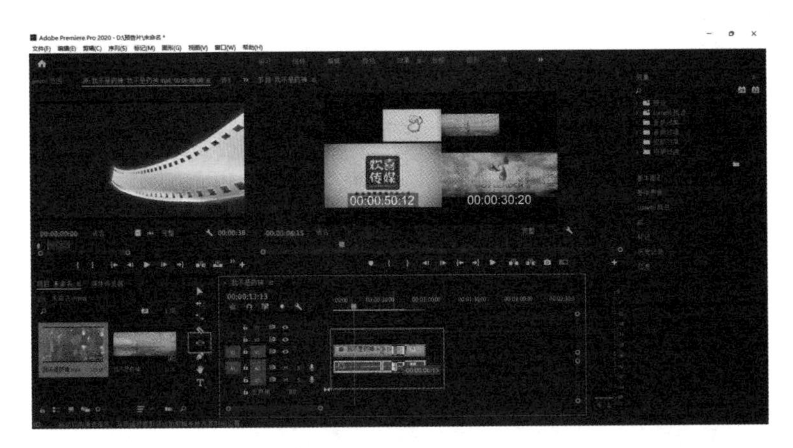

图 2-2-19　内滑工具

图 2-2-20　内部素材可前移、后移

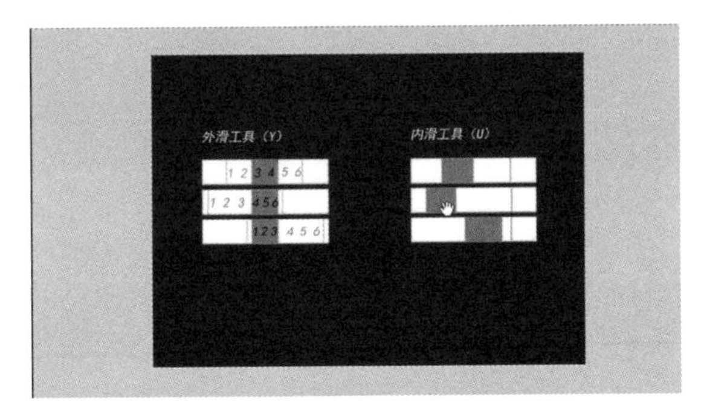

图 2-2-21　外滑工具、内滑工具图例

五、钢笔工具

钢笔工具的快捷键是“P”键。它是用于绘制图形，可以在画面中绘制图形，绘制完成便在轨道上形成一个图形图层，如图 2-2-22 所示。在效果控件面板中可以对该图形进行调

整，可以调整图形的路径，也可以调整它的外观显示颜色。比如可以调整填充的颜色，也可以给这个画面进行描边和阴影，如图 2-2-23 所示。在钢笔工具中还有一个矩形工具以及椭圆工具，如图 2-2-24 所示。鼠标左键单击“矩形工具”，在效果面板中会形成一个形状 2，在形状 2 中同样也可以调整这个图形的参数，如图 2-2-25 所示。

图 2-2-22　钢笔工具绘制图形

图 2-2-23　钢笔工具效果控件

图 2-2-24　矩形工具、椭圆工具

图 2-2-25　新建矩形及参数调整

六、手型工具

手型工具的快捷键是“H”键。它可以平移时间线面板，当剪辑素材特别多时，手型工具变得格外方便，如图 2-2-26 所示。下拉菜单里有缩放工具，快捷键是“C”键。缩放工具可以放大时间线素材，如图 2-2-27 所示。按住键盘上的“Alt”键，也可以缩小时间线素材，如图 2-2-28 所示。当然，也可以通过下面的横杆，使用鼠标左键拉伸或者缩短素材，如图 2-2-29 所示。

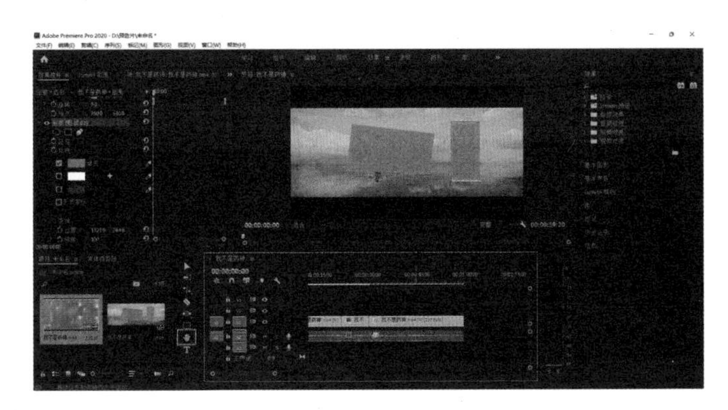

图 2-2-26　手型工具

图 2-2-27　缩放工具

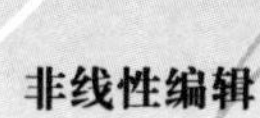

图 2-2-28　点击“Alt”键缩小时间线

图 2-2-29　鼠标拖拽横杆

七、文字工具

文字工具的快捷键是“T”键。鼠标左键单击文字工具，在视频素材上输入需要的文字，如图 2-2-30 所示。可以全部选中文字，在效果控件面板中会形成一个文本。点开文本属性，这里可以调整文本的字体样式。选择所需要的文字字体样式，调整文本的粗细，调整文

图 2-2-30　文字工具

本字体的大小。在这里还可以调整文本的填充颜色以及描边或者勾选，也可以设置背景或者阴影，如图 2-2-31 所示。竖排文字工具，点击下拉菜单，有一个垂直文本工具，敲击画面，便产生了竖排文字效果，如图 2-2-32 所示，也会在效果控件中显示调整它的整体属性，如图 2-2-33 所示。

图 2-2-31　文字工具效果控件

图 2-2-32　竖排文字工具

图 2-2-33　竖排文字工具效果控件

第3节 渲染输出

项目完成后需要渲染导出视频，执行点击“文件”—“导出”—“媒体”，快捷键是“Ctrl”+“M”键，如图 2-3-1 所示。弹出渲染设置窗口，如图 2-3-2 所示。

渲染输出

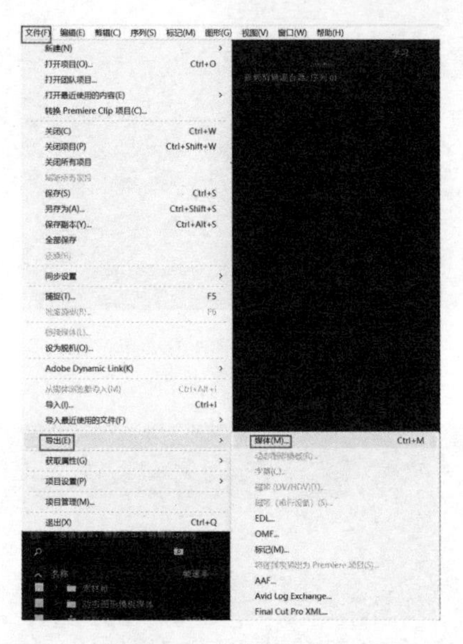

图 2-3-1 渲染导出视频

图 2-3-2 渲染设置窗口

在这个窗口中，左侧为预览窗口，可以通过拖动底部进度条观看视频。默认适合，可以通过调整百分比调整渲染预览视频的大小，如图 2-3-3 所示。

如图 2-3-4 所示，左右两侧显示的小三角形是可以拖动的。它代表的是所要导出视频的起始帧位置，左侧小三角形默认的是在第一帧，右侧小三角形代表的是渲染最后一帧。

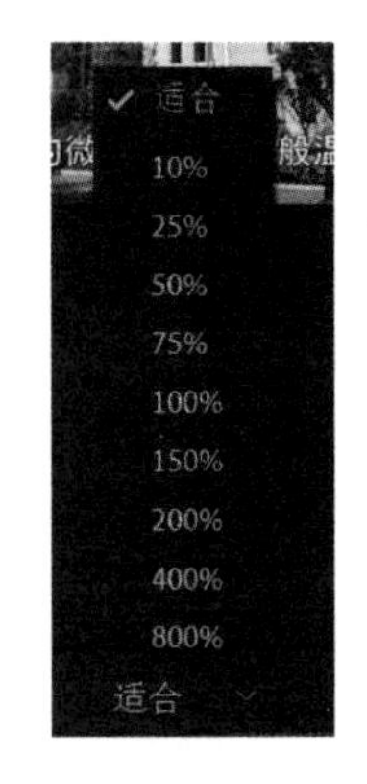

图 2-3-3　渲染视频百分比调整

图 2-3-4　导出视频起始位置

鼠标左键单击“源”，图标选项呈现灰色，鼠标左键单击“裁剪”，可以对视频的比例进行裁剪。通常我们可以设定裁剪比例，里面有很多裁剪比例，如图 2-3-5 所示。可以对比例进行调节，包括抖音中常用的 9∶16 的输出设置，可以裁出渲染输出的那一段。这些比例通常是根据项目的需求设定。

图 2-3-5　渲染视频比例调整

导出设置，如图 2-3-6 所示。

（1）格式：渲染输出的视频音频格式。

（2）预设：视频尺寸。

（3）输出名称：选择文件输出的路径以及文件命名。

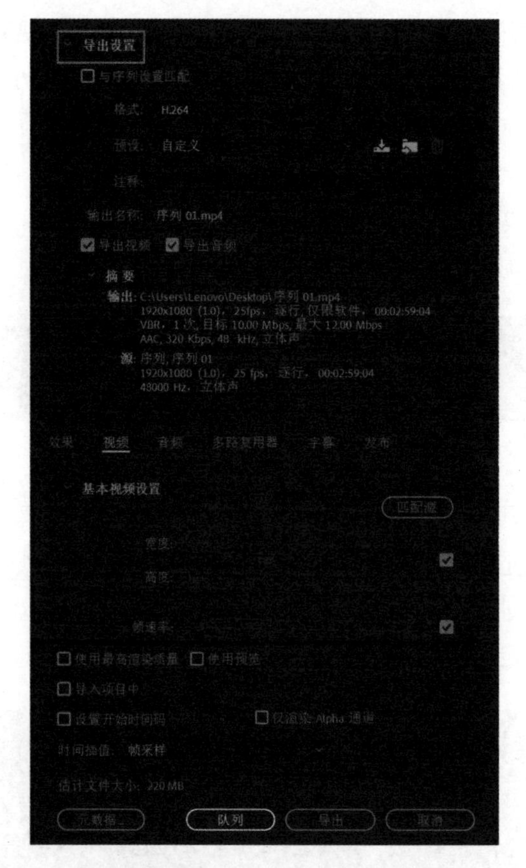

图 2-3-6　导出设置

（4）根据渲染输出需求，勾选导出视频以及音频。

（5）摘要显示输出文件相关信息以及源文件的相关信息。

（6）鼠标左键单击“视频”可以通过调整目标比特率、最大比特率来调整文件渲染输出的大小，如图 3-3-7 所示。

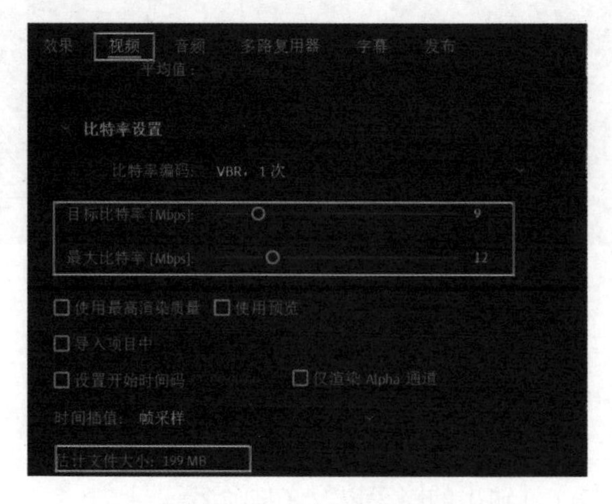

图 2-3-7　比特率数值调整

第 4 节　环境保护视频案例实操

地球是我们共同的家园。在更好地利用资源的同时，深入认识、掌握污染和破坏环境的根源与危害，有计划地保护环境，恢复生态，预防环境质量的恶化，控制环境污染，促进人类与环境的协调发展。本案例以环境保护为主题，综合运用 Premiere Pro 剪辑操作的基础知识，掌握剪辑流程。

案例实操

一、导入视频

首先，在项目面板中执行单击鼠标右键—点击“导入”—鼠标左键选择第一个素材—按住键盘上的“Shift”键进行加选，执行后效果如图 2-4-1 所示，再点击打开所需素材就导入到项目面板中。对项目进行整理，执行点击“新建素材箱工具”—命名为“视频素材”，执行后效果如图 2-4-2 所示。将视频素材拖拽到视频素材箱中，然后执行点击“新建素材箱工具”—命名为“图片素材”，执行后效果如图 2-4-3 所示。将图片素材拖拽到图片素材箱中，点击波浪键回到项目面板中。

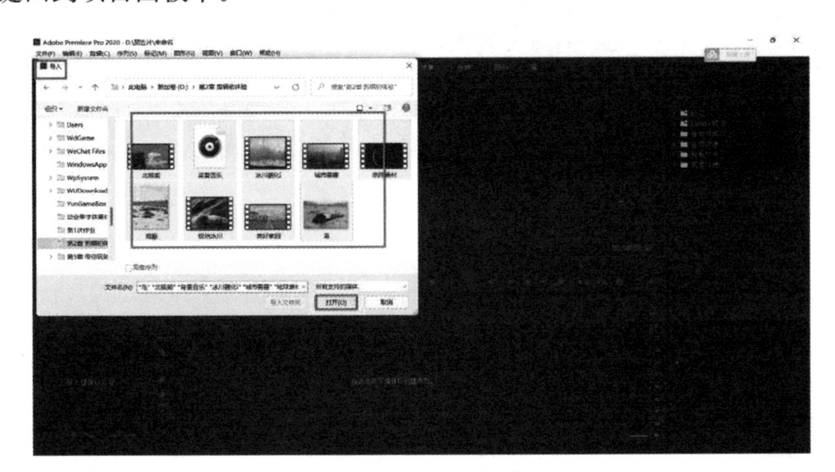

图 2-4-1　多选素材

二、新建序列

执行单击鼠标右键—新建项目—新建序列，执行后如图 2-4-4 所示。制作一个标清视频，尺寸选择 1 280×720、25 帧每秒方形像素比，视频序列命名为“环保案例”，单击“确定”，这样序列就建好了，如图 2-4-5 所示。

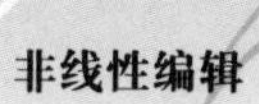

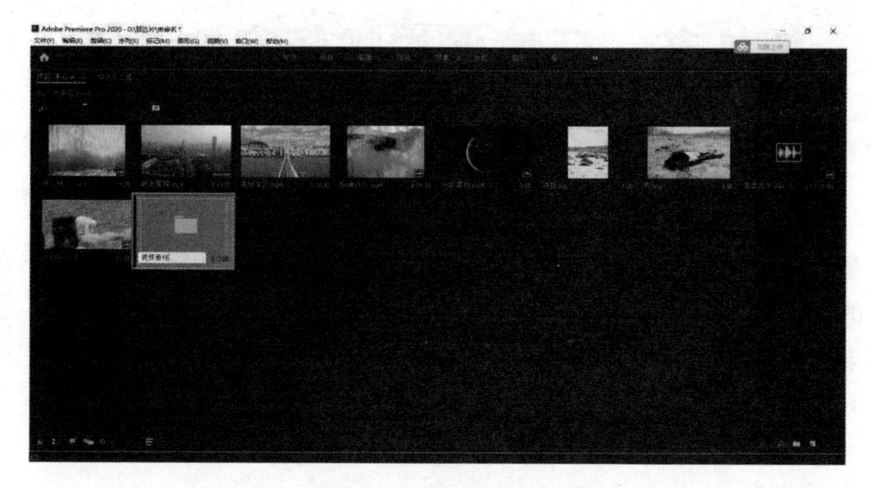
图 2-4-2 视频素材命名

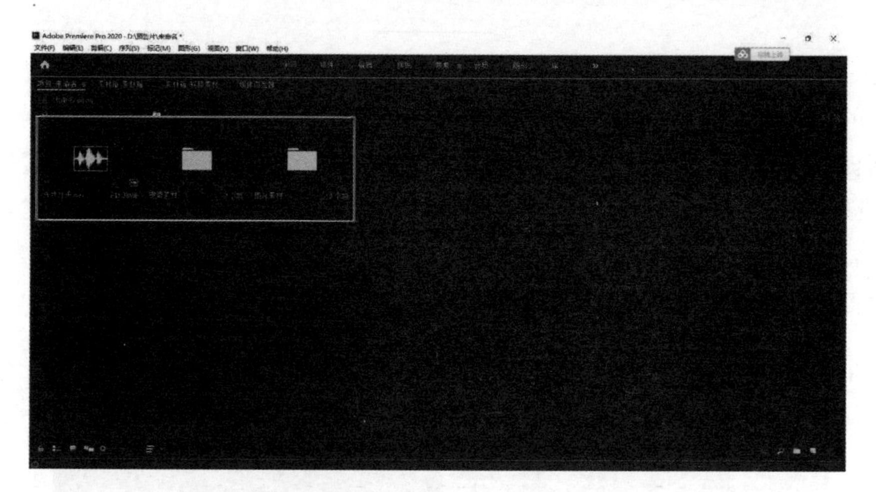
图 2-4-3 图片素材命名

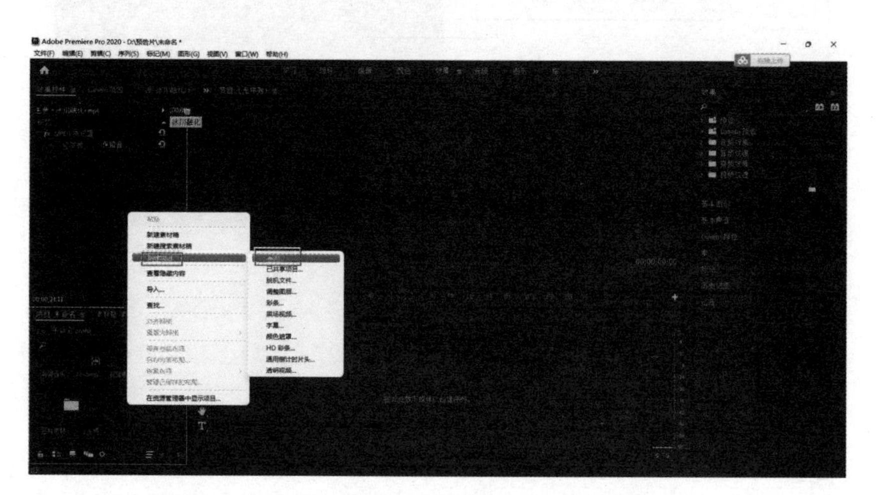
图 2-4-4 新建序列

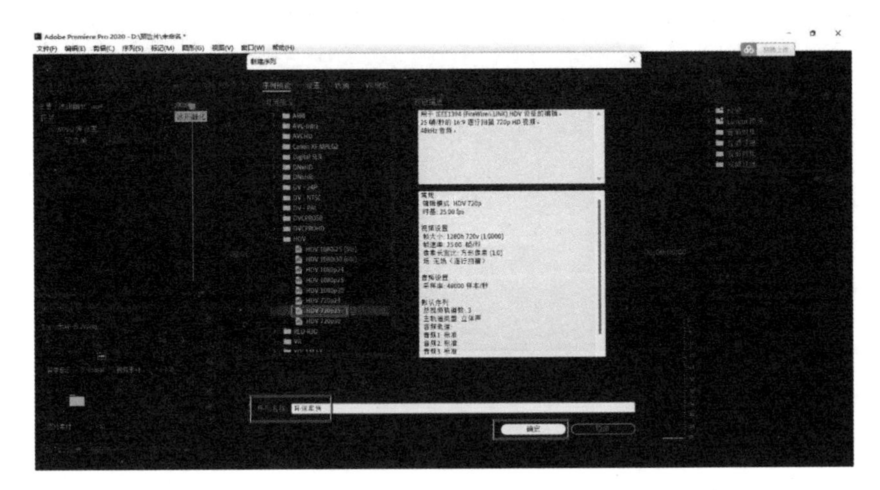

图 2-4-5　设置序列参数

三、粗剪视频

(1) 将视频素材导入时间线面板中。鼠标左键双击“视频素材”,将素材拖拽到时间线面板中。注意,可以按住键盘上的“Ctrl”键选择视频素材的顺序。这样视频素材顺序可以依次拖拽到时间线面板中,如图 2-4-6 所示。

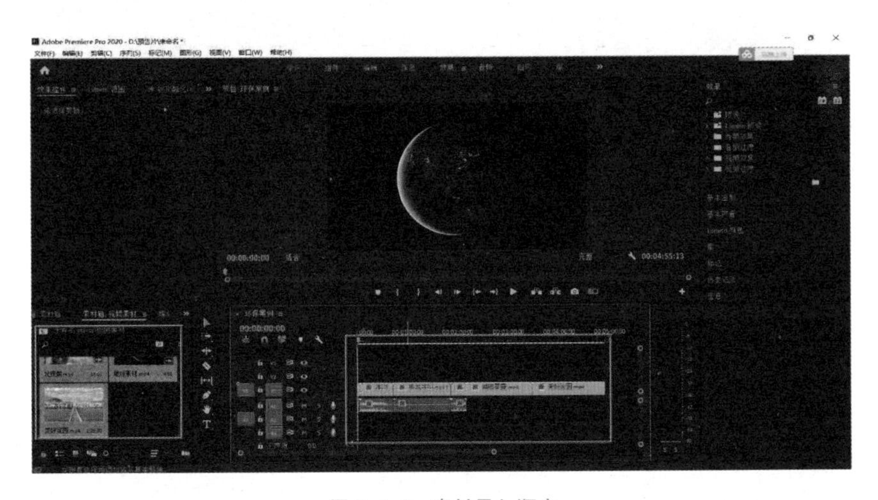

图 2-4-6　素材导入顺序

(2) 将素材进行粗略的剪辑。执行“选择冰川视频素材”,在“效果控件”中将“缩放”设为“121.0”,执行后如图 2-4-7 所示。执行“选择雾霾视频素材”,在“效果控件”中将“缩放”设为“68.0”,执行后如图 2-4-8 所示。执行“选择美好家园视频素材”,在“效果控件”中将“缩放”设为“35.0”,执行后如图 2-4-9 所示。裁剪画面中多余的废弃镜头,调整素材的时间,执行选择“波纹编辑工具”—将后面的素材往前缩短,执行后如图 2-4-10 所示。

图 2-4-7　冰川素材设置缩放

图 2-4-8　雾霾素材设置缩放

图 2-4-9　家园素材设置缩放

图 2-4-10　使用波纹编辑工具

四、精剪视频

(1) 进行素材精剪。执行背景音乐导入时间线—删掉视频原声—选择素材—单击鼠标右键—点击取消链接，执行后如图 2-4-11 所示，再选择音频素材—单击“Delete”键，执行后如图 2-4-12 所示。

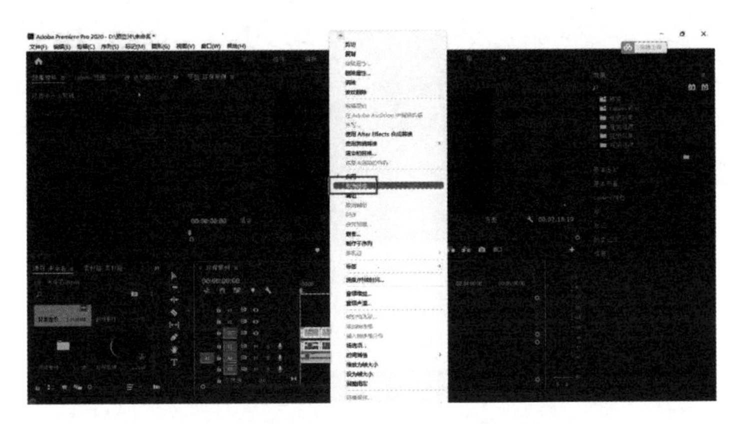

图 2-4-11　取消原视频画面与音频连接

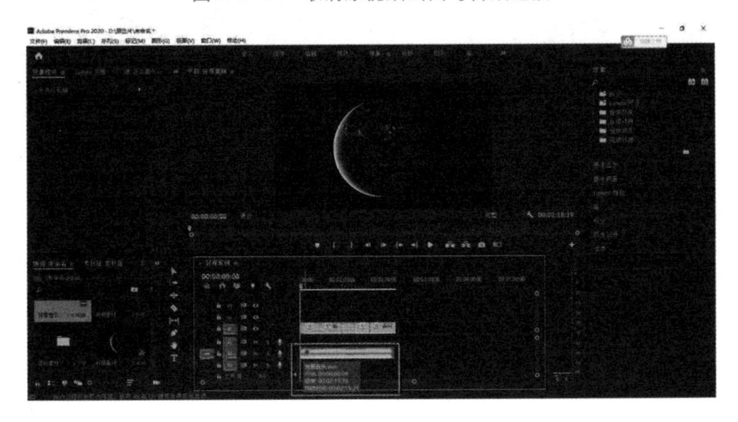

图 2-4-12　删除原视频音频

（2）根据音乐节奏调整视频素材。可以调整音频，让音频进入得更早一些，如图 2-4-13 所示。这里需要选用大面积冰川倒塌的视频效果，可以替换该素材。执行选择“极地冰川视频素材”—鼠标左键双击“极地冰川”。在“源窗口”中利用“标记入点”“标记出点”选择自己想要的片段，再点击“覆盖”，执行后如图 2-4-14 所示，执行删掉视频原声—选择素材—单击鼠标右键—点击取消链接，执行后如图 2-4-15 所示。执行选择极地冰川视频素材，在“效果控件”中将“缩放”设为“121.0”，执行后如图 2-4-16 所示。可以调整视频素材的整体节奏。目前该素材节奏过慢，需要加快，执行选择比率拉伸工具—向前拖拽，执行后效果如图 2-4-17 所示，当然也可以执行点击选择工具—选择素材—单击鼠标右键—选择持续速度和时间，可以精确地调整速度，执行后如图 2-4-18、图 2-4-19 所示。将素材依次前移，可以鼠标左键选择空白区域，单击鼠标右键删除波形，这样后面的素材便会整体前移，如图 2-4-20 所示。

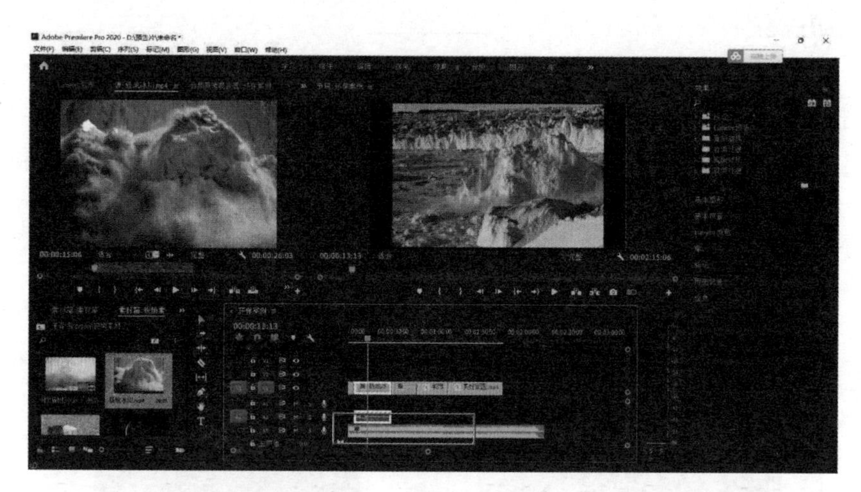

图 2-4-13　使音频在画面前

图 2-4-14　替换素材

图 2-4-15　取消音频链接

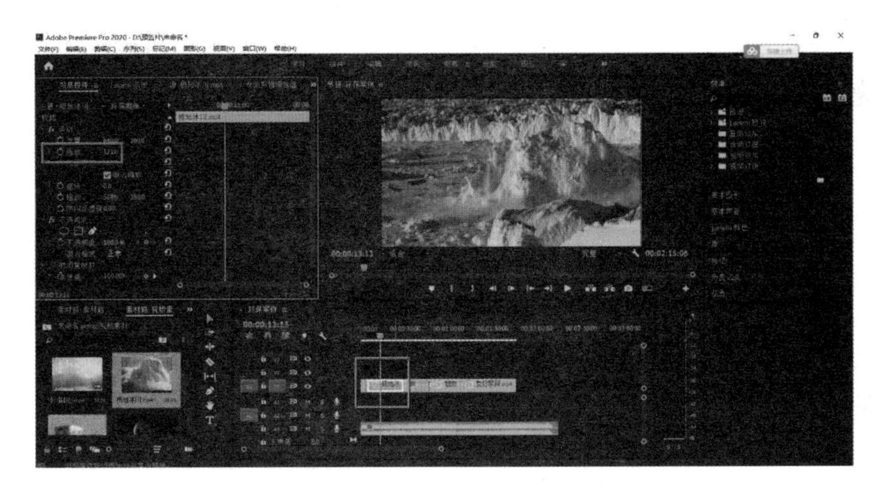

图 2-4-16　设置素材缩放

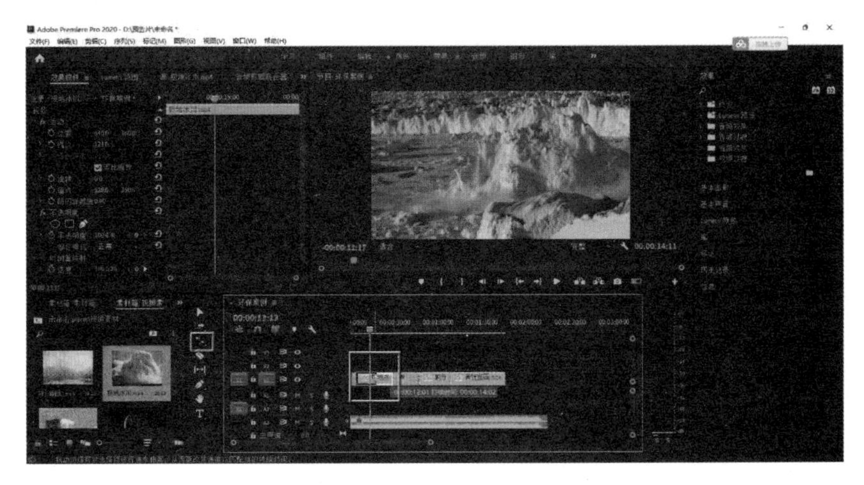

图 2-4-17　调整素材节奏

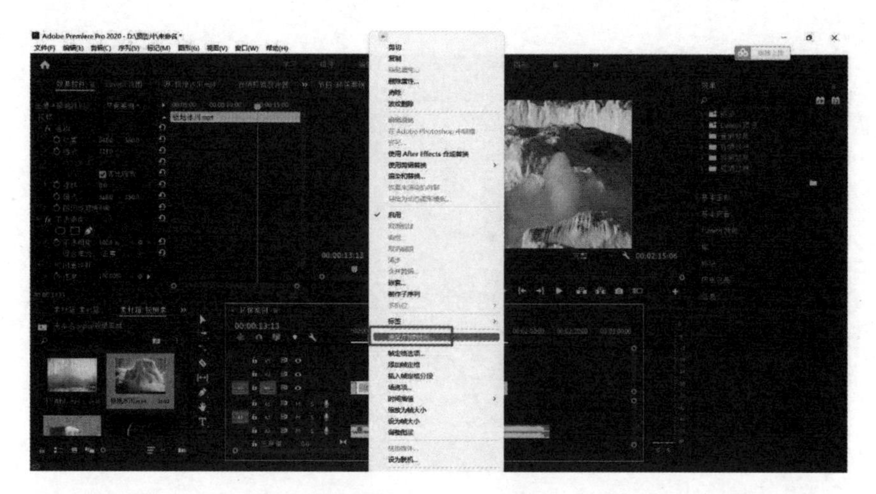

图 2-4-18　速度/持续时间

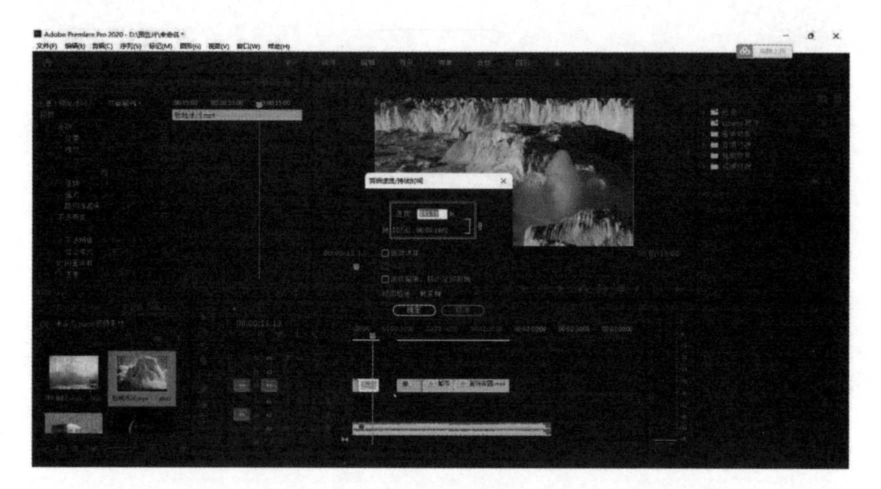

图 2-4-19　精确调整速度

图 2-4-20　删除波形

（3）选择滚动编辑工具，将北极熊素材前面的部分调整出来一些。如图2-4-21所示，当第二个镜头起的时候，便将它切掉。可以通过调整“前一帧，后一帧”将时间精确地调整到帧，选择剃刀工具把这段素材裁掉，如图2-4-22，点击选择工具删掉多余的素材，单击鼠标右键—删除波形，后面的素材整体前移，如图2-4-23所示。调整雾霾和美好家园素材的整体速度。

（4）在雾霾视频前面插入图片素材。选择鸟图片素材，在“效果控件”中将“缩放”设为“133.0”，执行后如图2-4-24所示，执行“选择海豚图片素材”在“效果控件”中将“缩放”设为“113.0”，“位置”设为“649.0、191.0”，执行后如图2-4-25所示。在鸟图片素材的末尾，在“效果控件”中将“缩放”设为“156.0”（一定要将小闹钟点开），执行完如图2-4-26所示。点击鸟图片素材—单击鼠标右键进行复制，如图2-4-27所示，点击海豚图片素材—单击鼠标右键粘贴属性，如图2-4-28所示，即可使图片有放大的效果。

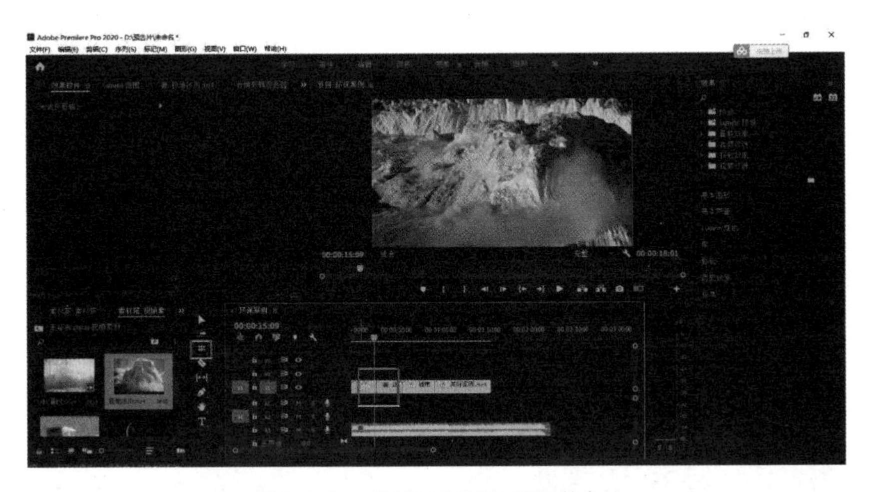

图2-4-21　使用滚动编辑工具调整素材

图2-4-22　使用剃刀工具切开素材

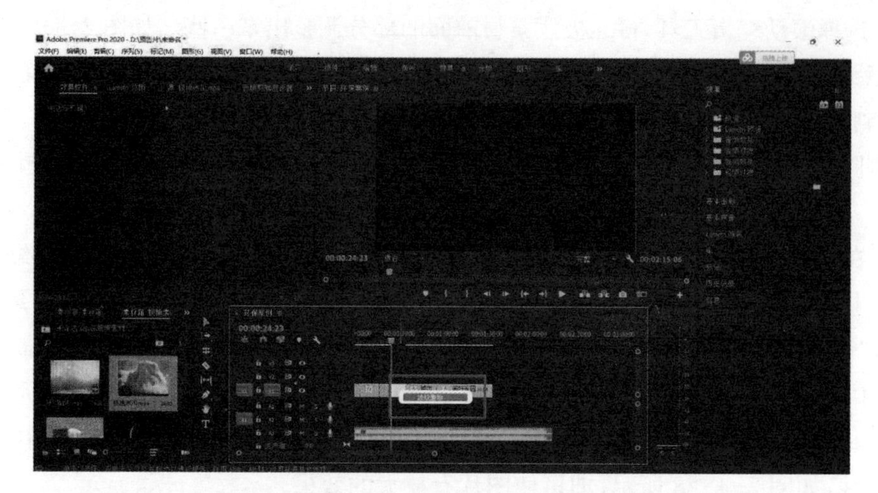

图 2-4-23　素材整体前移

图 2-4-24　鸟图片设置缩放

图 2-4-25　海豚图片设置缩放及位置

图 2-4-26　鸟图片末尾处设置缩放

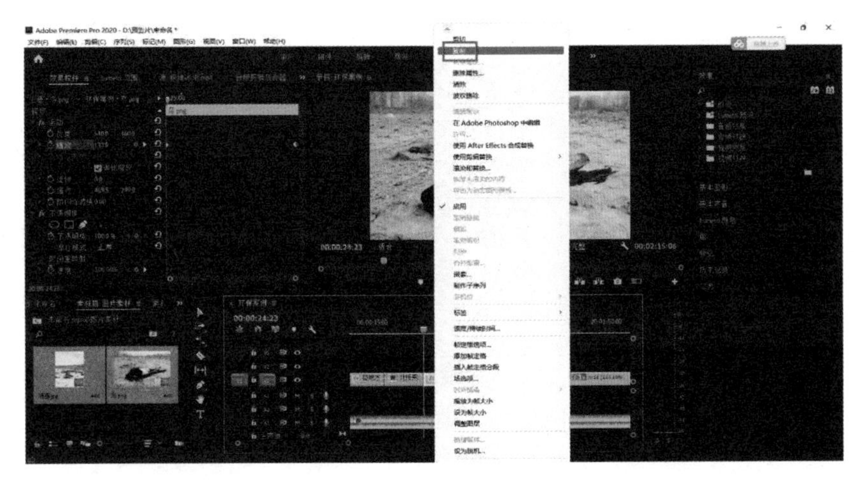

图 2-4-27　复制图片

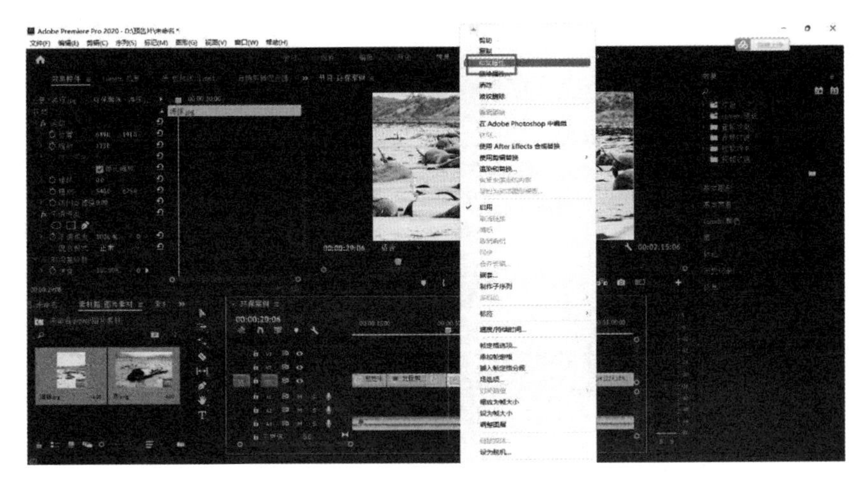

图 2-4-28　粘贴属性

五、文字动画制作

(1) 开场文字动画:选择文本工具—输入文本“EARTH 地球”—调整位置,执行后如图 2-4-29 所示。开场的时候,需要有一个黑场,在项目面板中鼠标右键点击“新建项目”—新建颜色遮罩—单击“确定”—新建一个黑色的颜色遮罩—单击“确定”,命名为“开场”,执行后如图 2-4-30 所示,将开场素材放在地球素材下方,调整一下整体的素材如图 2-4-31 所示。制作一个地球不透明的动画,并且让地球由无到有,点击文本图层,在“效果控件”中将“不透明度”在开始时设为“0.0%”,在地球出现时将“不透明度”设为“100.0%”,执行后如图 2-4-32 所示。让地球由无到有的动画,点击“效果”—点击“模糊与锐化”—将高斯模糊拖拽给地球素材—选择“效果控件”—点击“高斯模糊”。地球素材一开始将“模糊度”设为“258.0”,经过一段时间之后将“模糊度”设为“0.0”,执行后如图 2-4-33 所示。

图 2-4-29　输入文本

图 2-4-30　新建颜色遮罩

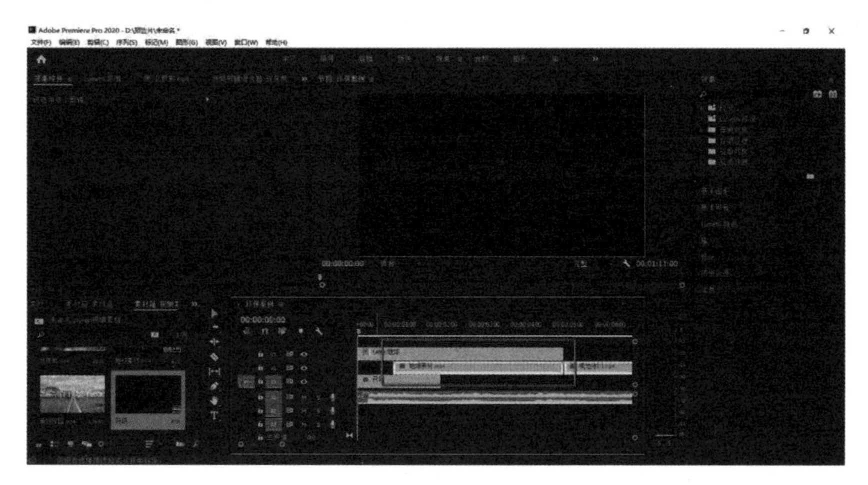

图 2-4-31　调整素材位置

图 2-4-32　调整前后不透明度

图 2-4-33　调整前后模糊度

（2）制作视频中的文案动画：点击文字工具—在画面中输上需要的文字，也可以将外部做好的文案在面板中粘贴，执行后如图 2-4-34 所示，会发现最后一个画面文本与后面背景融在一起，看不清楚。那么可以给结尾一个模糊效果，点击“效果”—选择“模糊与锐化”将高斯模糊拖拽给美好家园素材—选择“效果控件”—选择“高斯模糊”，美好家园视频运行一段时间时将“模糊度”设为“0.0”，在文本素材开始出现时将“模糊度”设为“40.0”，执行后如图 2-4-35 所示，执行“单击文本图层”，在“效果控件”中的文本图层一开始将“不透明度”设为“0.0%”，当视频开始模糊时将“不透明度”设为“100.0%”，执行后如图 2-4-36 所示。

六、音频动画

点击剃刀工具—把多余的音频素材删掉—按住“Ctrl”键—在音频快结束时添加关键帧—在音频结束时添加关键帧—把分贝线下拉，使音频有淡出效果，执行后如图 2-4-37 所示。

图 2-4-34　输入或粘贴文字

图 2-4-35　背景添加模糊凸显文字

图 2-4-36　设置前后不透明度

图 2-4-37　设置音频淡出效果

本章小结

通过本章的学习，我们主要了解了 Premiere Pro 中的项目面板、序列设置、素材的导入与整理以及基础工具的用法，掌握了案例视频剪辑的基本操作方法。

习题

1. 在 Premiere Pro 中默认的情况下，音频轨道全部缩小的快捷键是(　　)。
   A. “Shift”+“+”　　B. “Shift”+“−”
   C. “Alt”+“+”　　D. “Alt”+“−”
2. 以下哪种不是在 Premiere Pro 中导入素材的方法？(　　)
   A. 在项目面板中双击鼠标左键打开文件夹，选择要导入的文件素材
   B. 快捷键“Ctrl”+“N”导入素材
   C. 找到文件夹，找到素材位置，选中导入的文件直接拖拽到项目面板中
   D. 在媒体浏览器中导入素材
3. 在 Premiere Pro 中默认的情况下，选择工具的快捷键是(　　)。
   A. “V”键　　B. “C”键　　C. “A”键　　D. “T”键

03

第3章

让画面动起来

第 1 节　动画相关概念

动画相关概念

一、动画的基本原理

动画从字面上看是一种活动的、被赋予生命的图画，英文是“animation”(指赋予图画以生命)。动画的艺术表现形式包含夸张、比喻、象征。

二、动画的起源

石器时代的壁画就已经显示出人类潜意识中表现物体动作和时间的欲望。埃及古壁画把不同时间发生的动作利用观看者身体位置的移动使绘画产生运动和时间的效应，这也是动画的一种雏形，如图 3-1-1 所示。

(1)

(2)

图 3-1-1　石器时代壁画

三、动画的发展历程

中国古代的皮影戏和走马灯是最早通过灯光照射呈现出运动的画面。这种把幻灯和旋盘结合可供许多人同时观看的活动幻灯就是动画电影的一种雏形。16 世纪出现的手翻书每一页都是动作细微差异的图画，用拇指快速翻动书页时，图画就像活动起来，这是运用同样的原理产生动画电影的效果，如图 3-1-2 和图 3-1-3 所示。

图3-1-2 幻灯与旋盘结合的动画

图3-1-3 手翻书

四、视觉暂留现象

人眼在观察物体的时候，如果物体突然消失，影像依旧会出现在视网膜上，保留1/10秒左右的时间，如果在这个短暂的时间里紧接着出现第二个影像，这两个影像就会连接在一起融为一体，便构成了一个连续的影像，这种现象被称为视觉暂留现象。

五、帧速率

帧速率是指每秒钟刷新的图片帧数，通常用fps(frame per second)作为单位。捕捉动态视频的内容时，此帧数的数字越高越好，数字越高，每秒停留的帧数也就越多，画面流畅度也就越高。因此对影片内容而言，要生成平滑连贯的动作效果，帧速率一般不小于8fps，而动画电影的帧速率通常为24fps。

六、传统动画与MG动画的区别

传统动画是通过塑造角色，讲述一段故事。而MG(motion graphic)动画是通过将文字、图形等信息"动画化"，达到更好地传递信息的效果。

第 2 节　Premiere Pro 运动属性详解

在 Premiere Pro 软件中，操作运动属性的步骤：首先打开软件，并选择“文件”选项，如图 3-2-1 所示。接着点击“导入”按钮，从中选择一个素材文件，然后点击“打开”。这样，所选的素材文件就会成功导入 Premiere Pro 软件中。

运动属性效果面板

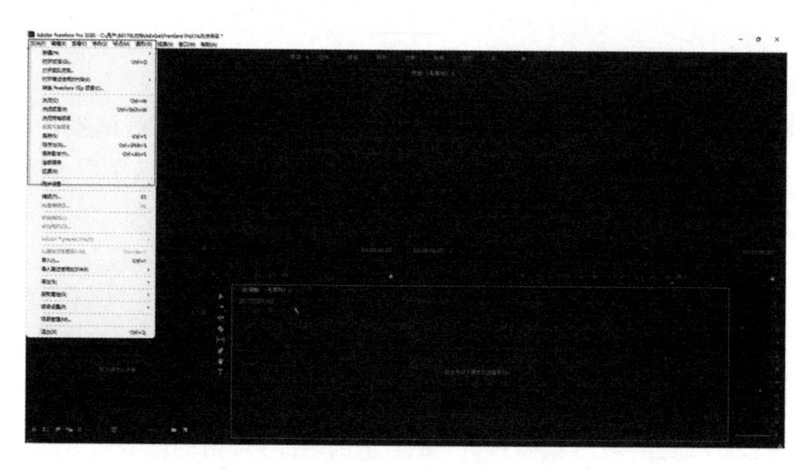

图 3-2-1　导入素材

在开始之前，首先需要选中所述素材，使用鼠标左键点击。接着，将其拖拽至时间轴内以创建一个序列。如上所述，动画的基本概念是在一定的持续时间内，素材的属性会发生变化。随后，打开该素材的效果控件。选中素材后，会出现一个效果控件，如图 3-2-2 所示。有些版本的 Premiere Pro 没有该功能，则需要找到相应的窗口，并勾选其选项，以便在效果控件中查看整个运动属性面板。在该面板中，可以看到各种不同的属性，包括位置、缩放、旋转、锚点和防闪烁滤镜等，如图 3-2-3 所示。防闪烁滤镜通常用于处理明暗程度变化频繁且幅度较大的视频素材，以及存在忽明忽暗闪烁效果的素材。对于这类素材，可以直接用鼠标单击打开“滤镜”进行处理。然而，在日常使用中，很少会用到该滤镜。

一、位置

仔细观察图 3-2-2 所示的位置属性，这个属性指的是素材在整个屏幕画面中的位置，有两个参数，分别是 640 和 360，如图 3-2-3 所示。

这两个参数分别表示横向轴和纵向轴，横向轴代表素材在水平方向上的位置，而纵向轴代表素材在垂直方向上的位置。当改变横向轴的数值时，即改变了素材左右移动的位置。同样地，改变纵向轴的数值，使素材上下移动。按住鼠标左键并拖动改变数值，可以实现素材的位置调整。另外,素材的位置也能够直接选中数值并手动输入进行修改。如果想恢复到初始状态,只需使用旁边的旋转箭头符号。这个符号表示重置参数。在最上方还有一个总控制按钮,用于重置所有底部排列的参数。通常情况下,如果只想单独重置第一个参数,可以直接点击该小箭头符号,鼠标左键点击即可,这样参数就会恢复到原始状态。

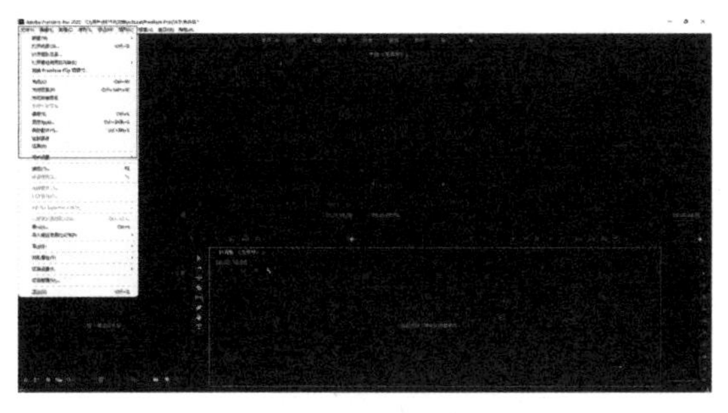

图 3-2-2 效果控件

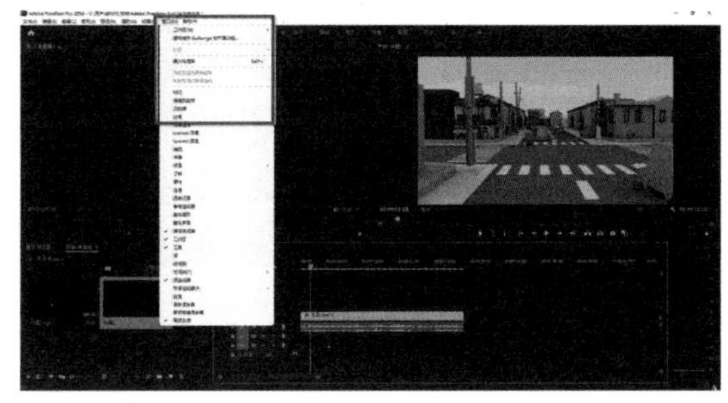

图 3-2-3 运动属性面板

二、缩放

缩放属性可以调整素材在整个序列中的大小。将鼠标悬浮在该属性上时,鼠标会变成小手指形状,然后按住鼠标左键并水平移动鼠标即可改变素材的大小,也可以直接更改数值来调整素材大小。调整缩放值时,需要注意“等比缩放”这个选项,如果勾选了,那么素材的高度和宽度将会按照相同比例进行缩放。如果取消勾选,则可以独立地调整高度或宽度,实现非等比缩放。缩放值的取值范围是 1～100,其中 1 表示素材将会被缩小到最小尺寸,100 表示素材原始大小。如果将缩放值设置为“0”,那么素材将不再显示。如果需要恢复原始大小,可以直接点击旁边的重置按钮,或者将缩放值设置为“100”。需要特别注意的是,在通常情况下,建议使用“等比缩放”选项,因为这样可以保持素材的比例不变,避免出现失真等问题。非等比缩放也是需要的,例如需要将素材高度或宽度压扁或拉长的情况,通过该属性的两个数值,即缩放高度和缩放宽度,可以知道该素材是否进行了等比缩放。这种非常规的缩放方法较少被使用,而等比缩放则是最常用的一种方式,如图 3-2-4 所示。

三、旋转

旋转属性用于对素材进行旋转操作。通过设置旋转角度,可以看到素材按照指定的方向进行旋转。如果想要恢复素材的原始状态,可以点击重置按钮或将旋转角度设置为“0”。当旋转角度超过 360 度时,可以看到前面出现一个数字 1,表示已经旋转 360 度,然后又多转了 3 度,因此,总共旋转了 363 度。同样地,如果继续旋转 210 度,就意味着已经旋转了两圈加上 210 度。顺时针旋转和逆时针旋转会导致前面的值变为正值或负值,如图 3-2-5 所示。

图 3-2-4 缩放相关设置

图 3-2-5 旋转相关设置

四、锚点

在界面设计中，锚点是极其重要的元素，对于位置、缩放和旋转等操作都起到关键作用。在选中画面中的某个项目后，点击“锚点工具”，可以发现在画面中央出现了小圆点，这便是锚点的中心位置，如图 3-2-4 所示。当前，该小圆点位于画面的正中心，标志着锚点目前处于居中位置。所有的旋转、缩放和位置移动操作都是以此锚点为基准展开的。如果拖动锚点，将其移至画面最左侧，会发现位置数值发生了变化。在移动锚点的过程中，位置和锚点数值同时发生了变化。位置表示相对于锚点的 X 轴和 Y 轴距离，即相对于中心点的位置。将锚点移至所需位置后，再进行移动操作，其对 X 轴和 Y 轴的影响相对较小，因为此时移动是以锚点为中心进行的。若重置参数，系统将以锚点位置作为新的中心点，将画面重新放置于中央位置。若将锚点位置恢复至初始状态，画面将回到原来的位置。现在，可以看到锚点对缩放操作的影响。当锚点位于中心位置时，此时缩放是以中心点为基准进行的。然而，若将锚点移至画面左侧，再进行缩放操作，缩放将以锚点当前位置为基准进行，而非以中心点为基准。这就是锚点的重要性，它对于所有参数的变化都产生了影响。同样地，锚点对旋转操作也有着重要影响。假设将锚点移至特定位置，随后进行旋转操作，会发现旋转是以锚点为中心进行的。将锚点恢复至正常位置，即可还原锚点的初始状态，如图 3-2-5 所示。在实际应用中，锚点常常用于缩放功能。例如，可以将锚点放置于底部，并结合缩放效果。首先将其缩放至零角度，然后通过动画效果逐渐从下方呈现。在制作此类动画时，锚点的功能常常被运用。

五、不透明度

不透明度是指从透明状态到不透明状态的过程。在图像处理中，百分之百的不透明度表示完全显示，而不透明度为 0 则表示完全不显示，即完全透明的效果。

在处理广告商标等素材之前，可以通过调整距离腾出操作空间。首先，在图像处理软件中选择相应的工具，如使用“钢笔工具”，在需要的位置添加一些锚点。例如，在起始位置添加一个锚点，然后在后面再添加一个锚点。接下来，使用钢笔工具将第一个锚点拖动到最开始的位置，使其处于零的不透明状态，如图 3-2-6 所示。然后，播放图像，观察效果，这样就会呈现从底部逐渐显示的效果。不透明度的显示时间可以根据需要自行决定，可以将其拖动得更慢一些。在拖动的过程中，不透明度的值会发生变化，从零逐渐增加到百分之百，即最终的显示状态。需要控制显示完全的时间点，即确定从何时开始完全显示整个影片。通过这种方式，完全可以实现从透明到不透明的显示效果。通常情况下，不透明度会应用在影片的开头或结尾。开头可以让画面处于黑屏状态，然后逐渐显示图片内容，而结尾可以给予一定的不透明度，实现淡出效果。广告片等通常不需要在结尾加入不透明度效果，因为结尾需要展示广告效果。此外，在不透明度下拉菜单中有 3 个选项，分别是圆圈、正方形和自定义。这些选项的功能与钢笔工具完全相同，但使用方法和效果却完全不同。例

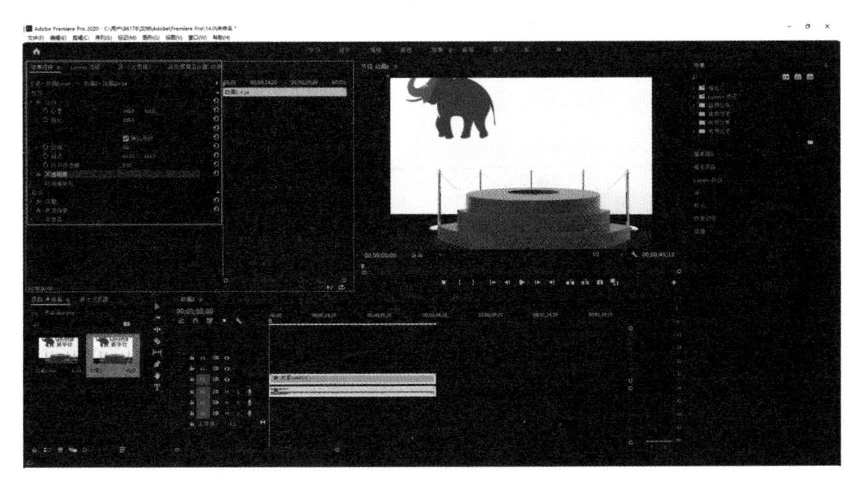

图 3-2-6　使用钢笔工具

如，在钢笔工具中使用正方形，拉动后会得到一个方框，而切换到不透明度选项后，再选择方框，点击后会直接生成一个带有遮罩的方框，将外部全部变为黑色，只保留方框内所显示的物体。调整锚点，可以实现只显示物体的特定部分，并且还可以通过拖动外边缘来调整显示效果。小圆圈也可以用来调节想要显示的部分，通过遮罩的扩散效果，逐渐显示整个画面。而自定义工具相当于可以根据需求自定义遮罩形状的钢笔工具，闭合路径后，会生成与刚绘制路径形状相对应的遮罩。这些工具的用法完全相同，只是形状和效果不同。

第3节　Premiere Pro 关键帧动画的详解

关键帧动画详解

一、关键帧

关键帧是计算机动画领域中一种常用的术语，广泛应用于后期制作工作。不同的动画软件提供了多种不同类型的关键帧，而这些关键帧类型可以实现各种各样的动画效果。尤其是在当今 MG 动画的流行趋势下，了解并掌握各种关键帧类型对于创作者来说变得更加重要，因为它们能够帮助创作者制作出逼真而完美的动画效果。

二、关键帧动画

关键帧动画（Key Frame Animation）是一种常用的动画制作技术，通过为需要产生动画效果的属性准备一组与时间相关的值来实现。这些值在动画序列的关键帧中被提取出来，而其他任何帧中的值都可以通过特定的差值方法根据这些关键值计算得出，以实现流畅的动画效果。

三、逐帧动画

逐帧动画是一种常见的动画形式，其英文为 Frame by Frame Animation。它的原理是通过连续的关键帧来分解动画动作，即在时间轴上逐帧绘制不同的内容，使其连续播放而形成动画效果。根据制作技术的不同，动画形式可以划分为传统有纸动画、无纸二维动画、三维动画和定格动画，其中定格动画也属于逐帧动画。

四、逐帧动画和关键帧动画的区别

逐帧动画的动画质量相对来说比较高，因为每一帧都需要绘制，因此提升了画面的可重复观赏性，增加了灵活性，使动作镜头看起来连贯顺畅，让画面变得更加平滑稳定。但逐帧动画也有缺陷，特别是对于商业动画来说，逐帧动画的制作周期长、画幅多。而画幅越多，帧也就越多，意味着成本就越高。逐帧二维动画，就是 24 帧每秒，相当于每秒钟需要绘制 24 张不同的画面，因此，对画者的绘画功底以及动画的形体稳定度要求也很高。关键帧动画，许多动作都不是连贯的画幅完成，而是由其中几个关键位置的动作连成的动画组成

的，但是动作的流畅度依然是在可接受的范围内，因此就不需要像逐帧动画那样每一帧都采取手工绘制，成本就相对会降低很多。

五、案例

首先，添加一个字幕素材。选择"文件"→"新建"→"旧版标题"，直接选择"确定"即可，如图 3-3-1 所示。在这个字幕文件里，可以看到有很多素材。接下来，选择"文字工具"，输入一段文本。然后，可能会有些空白处没有显示文字的情况，这是因为默认的字体是英文字体，字体库中可能没有文本需要的中文字体。因此，需要在底部选择"中文字体"，如黑体，这样中文就可以显示出来，如图 3-3-2 所示。可以使用选择工具，将字体位置移动到画面中间。此外，考虑到当前字体是白色，可能不太显眼，可以通过更改字体颜色将其改为红色，并且还可以使用其他选项，如给字幕添加光泽效果或外描边，选择不同的颜色作为外描

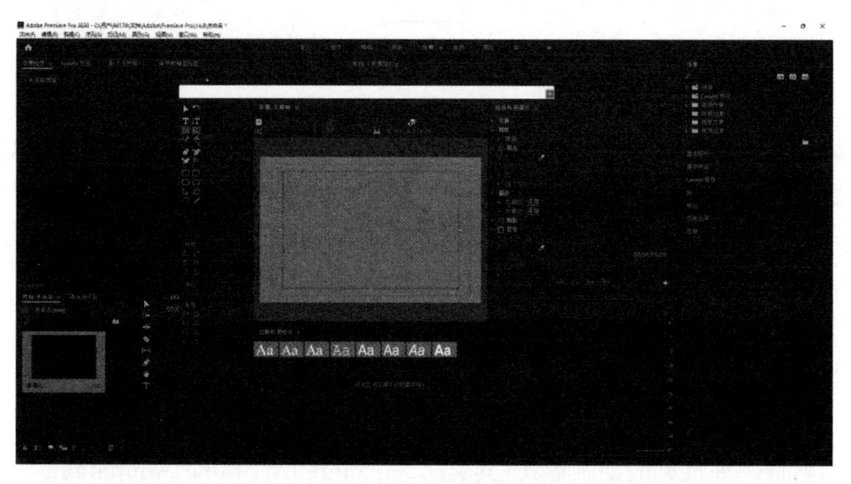

图 3-3-1　添加字幕素材

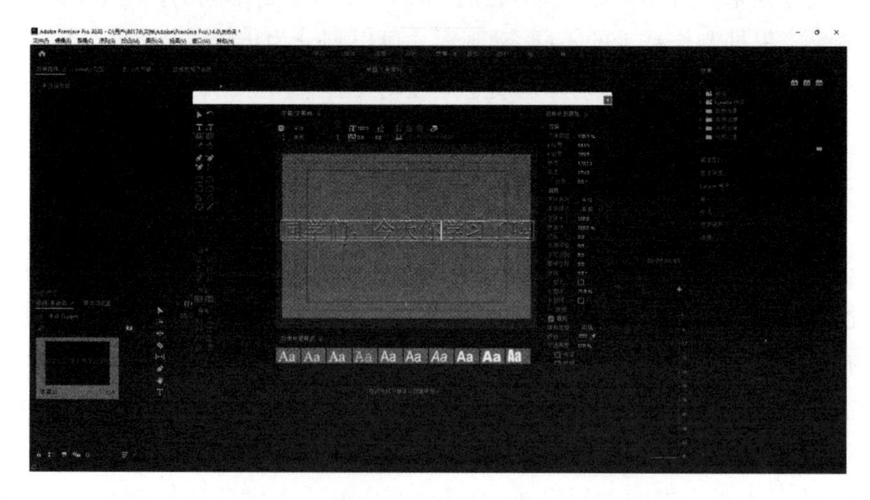

图 3-3-2　选择中字体

边的样式。这样，字幕就制作完成。点击“关闭”，然后将其拖动到新建的时间轴上，创建一个序列，如图 3-3-3 所示。可以单击鼠标左键选中它，并对其部分动画进行编辑。

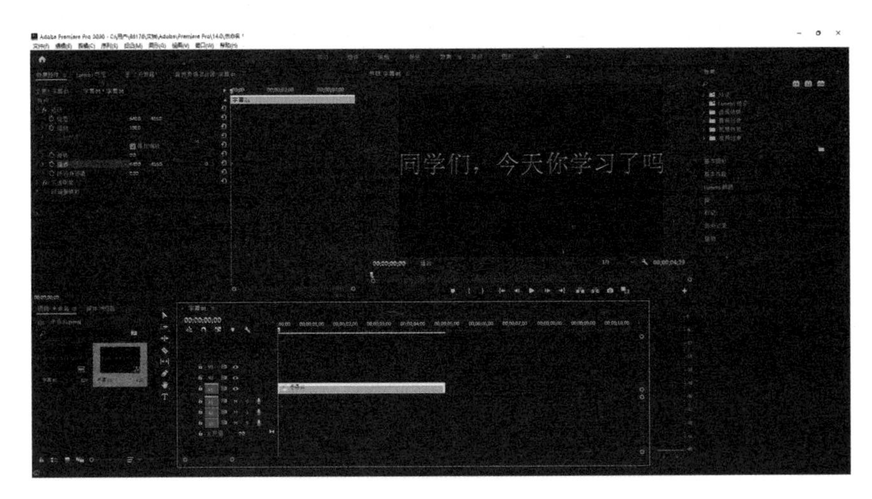

图 3-3-3　为字体创建序列

前面已经介绍了运动属性面板的基本操作。通过使用位置属性进行左右移动，并通过重置位置属性将其恢复到原位，可以实现元素的简单位移。另外，缩放功能也可以改变元素的大小。假设需要制作字体动画，可以利用这些功能创建一个简单的动画。首先，让字体保持在初始位置。为了实现这一点，先添加关键帧，再点击运动属性面板上的小闹钟图标。每个控制按钮前面都有一个小闹钟图标，代表“关键帧”。例如，要在最初的位置添加一个关键帧，鼠标左键单击该位置的小闹钟图标。这样，一个小钻石形状的关键帧图标就会出现。然后，可以将时间轴往后拖动，找到接下来的位置，并将字体移动到那里。在移动过程中，又会出现一个关键帧。通过这样的操作，可以记录字体从一个位置到另一个位置的运动轨迹。类似地，也可以为字体添加缩放的关键帧动画。首先，鼠标单击小闹钟图标，记录下该位置的属性。然后，将字体恢复到初始状态，并再次点击小闹钟图标来记录初始位置的关键帧。接着可以将字体缩小一些，并再次点击小钻石图标记录下这个位置的关键帧。这样，就创建了一个简单的关键帧动画，同时改变了字体的大小。此外，还可以利用贝塞尔曲线或缓入缓出效果为关键帧动画增加一些变化。通过右键点击关键帧，可以选择添加缓入或缓出效果。然后，可以打开曲线编辑器，调整曲线的形状。调整曲线可以控制动画的速度和变化。除了位置和缩放属性，还可以为旋转和锚点属性添加关键帧，并通过调整曲线来控制它们的变化。如果需要删除关键帧，只需选中它们，并点击“删除”按钮即可。最后，可以对整体运动进行补间处理，将元素恢复到初始状态。选中所有关键帧，右键点击并选择“补间处理”。这样，字体就会回到最初的状态，没有任何变化。

第4节　组队一起去升级——嵌套、编组

一、嵌套

嵌套、编组

嵌套是一种将相同类别的视频或需要整理分类的视频放入一个容器中的操作。这样可以方便进行后期调整、选择等操作。可以将其视为对项目进行整理，将零散的素材或多层素材合并为一个单一的素材，以实现整理和分类的目的。

嵌套的概念可以类比为将小箱子放入一个大箱子中，大箱子包含了小箱子中的所有内容。可以打开大箱子并对其中的小箱子内的内容进行整理和归纳。这样一来，可以提高工作效率，简化工作界面，使整个工作流程更加流畅。使用嵌套功能，可以轻松管理复杂的项目，将相关视频或素材组织在一起，方便后续的编辑和处理。例如，在视频制作过程中可能需要对某个场景的多个镜头进行编辑，然后将这些镜头放入一个嵌套序列中，在主时间线上只显示嵌套序列，从而简化整体视图。这样不仅可以提高工作效率，还能确保整个项目的结构清晰有序。

首先，新建一个序列文件。点击"新建序列"，并选择"1080p25"的尺寸，如图 3-4-1 所示。然后将需要的素材导入素材文件中，再把一段视频和一张素材图片导入素材文件中，同时选中文件导入序列文件当中，保持现有设置就可以，如图 3-4-2 所示。

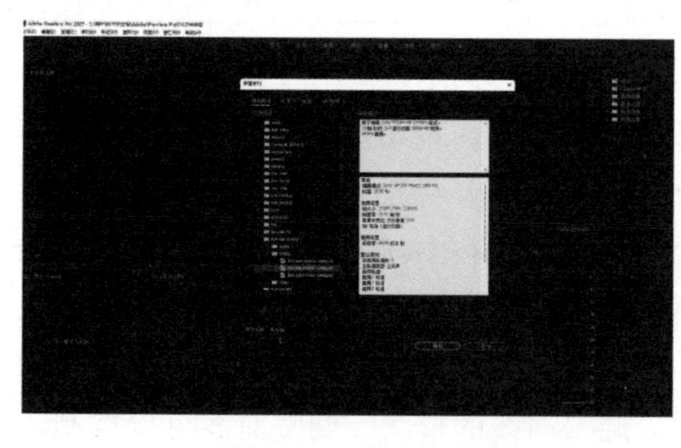
图 3-4-1　新建序列

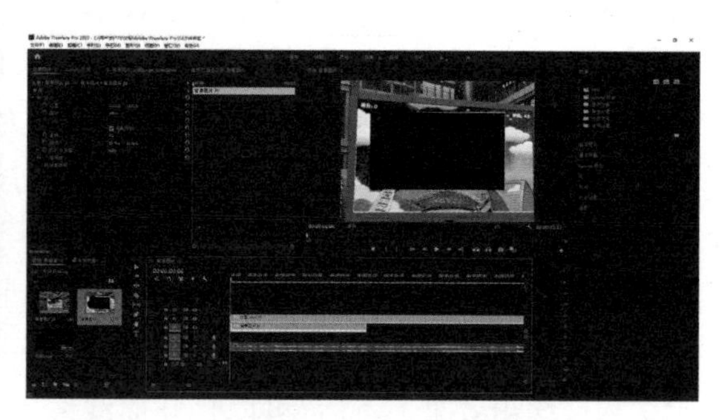
图 3-4-2　导入素材

然后，将图片和素材视频文件分别列为两个图层，适当缩小，以便观察照片，接下来将图片文件稍微放大到视频文件的大小，再进行全部选中操作，并单击鼠标右键缩放为帧大小，如图 3-4-3 所示。

操作完成后，整体画面会匹配为已创建序列的尺寸。通过对底下图片进行调整，发现当前图片的两边存在黑色边框，不够美观；通过适当缩放消除这两个黑边，将图片调整到合适位置，如图 3-4-4 和图 3-4-5 所示。

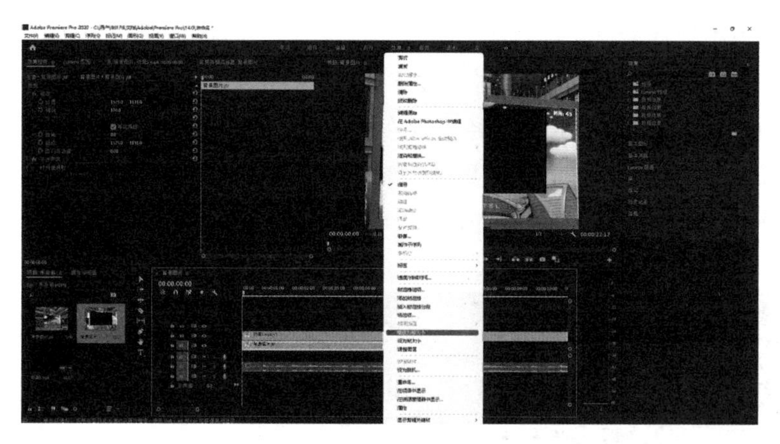

图 3-4-3　缩放为帧大小

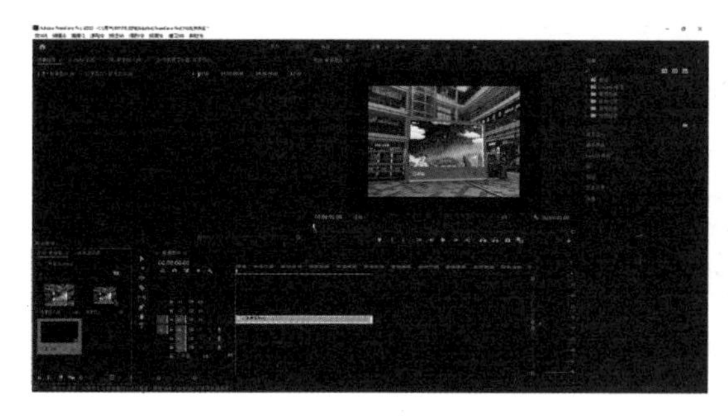

图 3-4-4　调整图片缩放

图 3-4-5　调整缩放成功

本节利用嵌套文件，可以让整体素材同时进行功能性的缩放，或者是做一些关键帧的动画。如果想让这两个素材同时产生这种关键帧动画需要依次调节。如果调节素材的频率或同步率错误，想要达成同步的效果，则需要为两个文件添加“嵌套”效果。使用嵌套就可以更好地调节。将大屏幕素材调整成合适的大小，并且为视频文件添加关键的效果，如果需要达成视频文件放进大屏幕的效果，那么需要加一个动画特效，这个特效叫作边角定位，如图 3-4-6 所示。

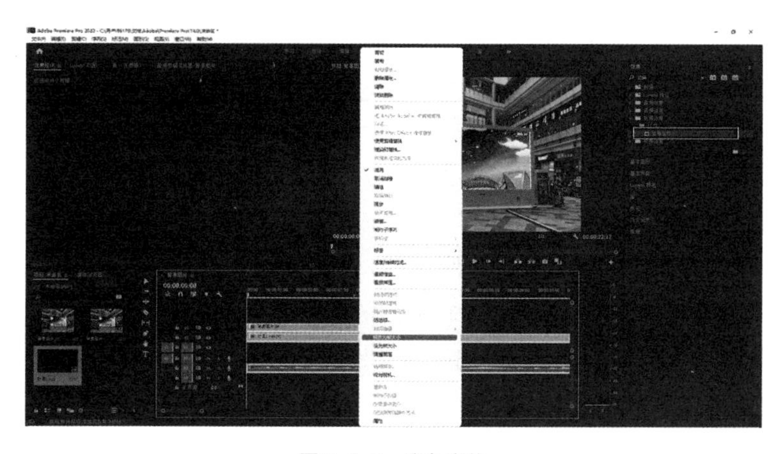

图 3-4-6　边角定位

在效果面板中选择素材文件。在视频效果扭曲选项中找到所需的效果，然后将其拖拽到要添加的 MP4 文件，释放鼠标点击。接下来，进入效果空间，并选中刚刚添加的素材。转到特效空间，可以看到边角定位已经出现在指定位置。点击“边角定位”，可以发现素材出现了 4 个锚点，类似于常见的锚点，再拖动锚点缩放素材。将锚点固定在大屏幕边缘上，进行微调，如图 3-4-7 所示。注意，调整过程需要慢慢进行。

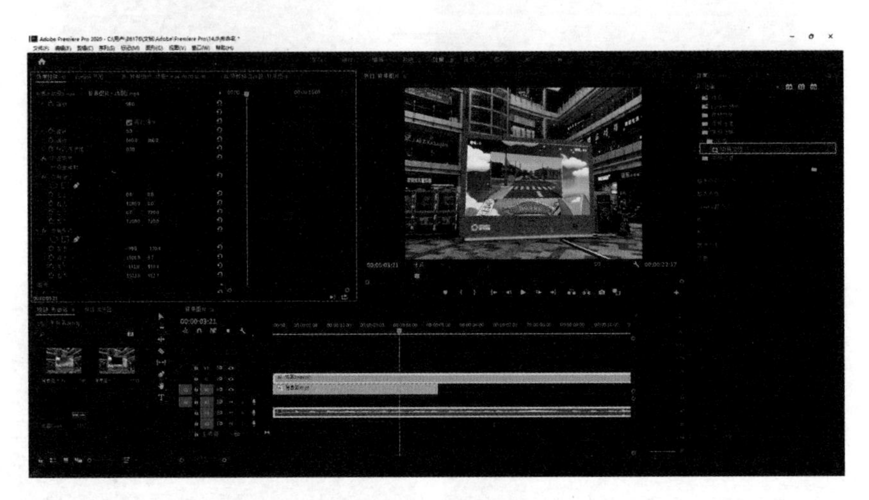

图 3-4-7　调整特效效果

现在已经调整完成素材的边角定位，可以进行简单地播放。可以看到素材已经完整地显示在大屏幕上。如果想实现镜头慢慢推进到大屏幕的效果，以便更清楚地观察大屏幕上的动画，通常的操作方式是先选中图片文件，再选择运动效果，然后添加关键帧动画，即可达到效果。例如，可以选择缩放效果，在当前位置设置一个关键帧，然后在相应位置进行缩放。在缩放过程中，有可能会发现视频并没有按照预期进行缩放，这是因为之前已经设定了锚点，并且锚点不会随着缩放而改变。

经过上述操作，会对接下来的视频操作产生不便。如果想要避免这种情况，就可以使用嵌套功能。首先，需要同时选中这两个文件，鼠标左键单击框选或者按住“Shift”键进行选择，然后鼠标右键单击并选择添加“嵌套”。系统会提示“是否创建一个嵌套序列”，点击“确定”之后，便可以看到整个素材都被标记为绿色，表示已经被嵌套到一个序列里面了，序列的名称就是嵌套序列，如图 3-4-8 所示。

通常情况下，可以给嵌套序列命名，如图 3-4-9 所示。在添加嵌套序列后，可以统一对视频进行动画处理。例如，可以让视频在特定位置进行缩放、摆正关键帧，并调整位置让视频移动到另一个位置时，将其调大并微调位置，以便让画面清晰地展示在整个视频中。在完成这些步骤后，就可以看到生成了一个完整的动画效果，嵌套在视频中。在双击嵌套序列时，可以在其中进行内容的编辑和调整。如果不需要编辑，可以关闭嵌套序列，返回主序列中。嵌套功能是一个非常强大的后期制作工具，可以方便地组合素材并实现相应的动画效果。对于素材较多的情况，嵌套功能可以大大提高处理效率。同时，也可以对每个素材进行单独地调整和编辑，这使得嵌套功能非常实用。

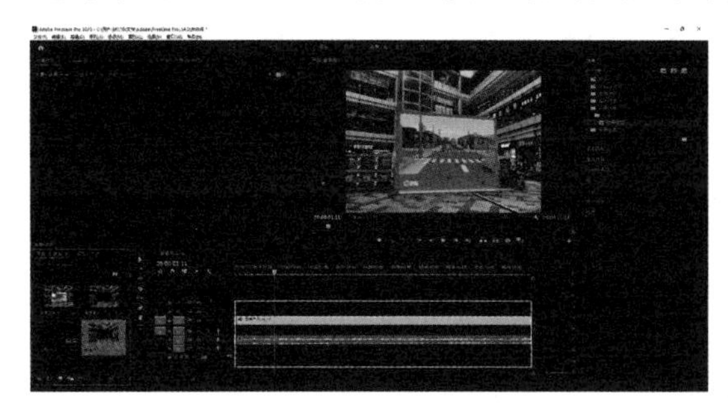

图 3-4-8　嵌套序列

图 3-4-9　嵌套命名

二、编组

编组就是将不同素材整编到同一个组中，方便后续功能的选择以及调整，可以同时选中几种不同的素材，同样可以方便日常归纳整理。在 Premiere Pro 软件中，嵌套和编组是非常实用的功能。接下来详细介绍一下编组的使用方法。

首先，打开软件并新建一个序列。点击“文件”，选择“新建”，然后找到所需的序列，分辨率设置为“1080p25”。点击“确定”后，序列就创建好了。接着导入素材文件。鼠标左键单击选择“文件导入”，将需要使用的素材导入序列中。

初始导入时，素材可能会显得很小，可以合理使用缩放功能让其适应界面。同时选中所有图片，点击右键，选择“缩放为帧大小”，这样图片就与界面匹配了。如果最后一张图片不够大，则可以点击右键并选择“缩放为帧大小”。对于第三张图片，通常不会有问题。现在，已经成功导入了这 3 张素材。如果想要同时选中第一张和第二张，通常需要按住“Ctrl”键进行多选。如果素材较多，包括音频文件或其他文件，多选功能会变得很麻烦而且容易混乱。因此，可以使用编组功能更好地管理素材，如图 3-4-10 所示。

图 3-4-10　编组功能

直接进行框选操作，单点按“Shift”键添加。选中这两段素材之后，单击鼠标右键，选择“编组”操作，使其创建一个编组。创建编组后，选择两张素材中的任何一张都会默认同时把这两个素材同时选中，后面该素材就会单独存在，会更加方便快捷，接着对编组中的素材进行特殊效果或动画的添加。首先，单击“编组”进行选中，然后选择“视频效果”的“变化”选项。在弹出的选项中，选择“水平翻转”并将其拖到编组上即可实现效果。此时，可以看到两张图片都已经水平翻转了，这是编组功能的一个实际应用。

第5节　案例实操

案例实操

将素材导入到项目面板中—将视频素材拖拽到时间线面板—点击视频素材—选择“效果”—选择“视频过渡”—选择“变换”—选择“裁剪”—拖拽到视频素材，“效果面板”中在起始帧将“裁剪”里的“顶部”和“底部”设为“0.0”，关键帧右击设为“缓入”，在视频素材中部偏后一点将“裁剪”里的“顶部”和“底部”分别设为“30.0”和“17.0”，一样设为“缓入”，执行后如图3-5-1所示。

图3-5-1　设置缓入效果

点击文本工具创建文本“HUANG HAI XUE YUAN”，在“效果控件”中将“位置、缩放”分别设为“796.0”“685.0”“132.0”，执行效果如图3-5-2所示。将视频素材导在文本图层之下—点击视频素材—选择“效果”—选择“视频效果”—选择“键控”—选择“轨道遮罩键”—拖拽到中间视频素材，“效果控件”中将“轨道遮罩键”里的“遮罩”设为“视频3”，执行效果如图3-5-3所示。

图3-5-2　设置位置、缩放效果

图 3-5-3　设置遮罩效果

鼠标左键单击“关键帧”，打开下拉菜单，可以看到画面呈一条直线，如图 3-5-4 所示。横坐标表示时间，纵坐标表示速度，那么这条横线表示画面始终保持匀速运动。前面变得陡峭，后面变得平滑，说明进行了先快后慢的运动，也就是说画面进行了减速运动。下面这张图中，前面慢、后面快，是先慢后快的加速运动，而上面这张图是先慢后快，再慢，是先加速后减速的运动，如图 3-5-5 所示。

图 3-5-4　画面呈一条直线

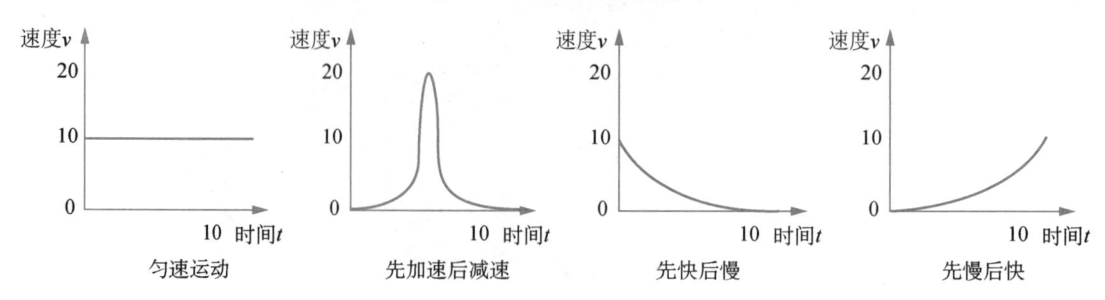

图 3-5-5　设置加速减速运动效果

本章小结

本章通过动画基本概念以及 Premiere Pro 中动画运动属性的学习，我们了解了动画的基本概念，熟悉了 Premiere Pro 运动属性面板还有它的主要功能以及作用，掌握了嵌套的基本操作方法。

习题

1. 构成动画的最小单位为(　　)。

   A. 秒　　B. 画面　　C. 时基　　D. 帧

2. 帧是构成影像的最小单位元，所以编辑时也是以(　　)为准进行的。

   A. 24 帧/秒　　B. 28 帧/秒

   C. 29.97 帧/秒　　D. 30 帧/秒

3. Premiere Pro 中存放素材的窗口是(　　)。

   A. Project 窗口　　B. Moitor 窗口

   C. Timeline 窗口　　D. AudioMixer 窗口

4. 对于 Premiere Pro 序列嵌套描述正确的有(　　)。

   A. 序列本身可以自嵌套

   B. 对嵌套素材的源序列进行修改，都会影响到嵌套素材

   C. 任意两个序列都可以相互嵌套，即使有一个序列为空序列

   D. 嵌套不可以反复进行。处理多级嵌套素材时，需要大量的处理时间和内存

第 4 章

带你玩转视频转场与特效

第1节　视频转场详解

镜头是构成影视作品的最小单位，若干个镜头连接起来形成的镜头序列叫作段落。段落是电影最基本的结构形式，影片在内容上的结构层次是通过段落表现出来的，而段落与段落、场景与场景之间的过渡或连接叫作转场。

在 Premiere Pro 视频剪辑中，转场的衔接关系着整个视频的节奏与流畅性，因此需要根据故事内容的主次、情境的发展等，运用组接技巧进行场景的转换。场景转换的特技效果有多种方法，转场一般分为特技转场与无技巧转场。特技转场是指通过剪辑技巧转换两个镜头，从而造成视觉的连贯或段落的分割，无技巧转场则是用镜头的自然过渡连接上下两个场景的内容。

在传统剪辑中，为了表现时间与空间的变化，往往在场面、段落之间运用诸如叠印、划出、划入、渐隐、渐显之类的技巧。在一般情况下，用叠印表现回忆，用划出、划入、渐隐、渐显表现时间的流逝过程和空间转换。

一、特技转场

1. 渐显渐隐

“渐显渐隐”也叫“淡入淡出”，渐隐是画面形象渐渐变暗到黑的过程（也就是淡出），从黑渐渐显现另一场景的过程则为渐显（也就是淡入），这是表现时间间隔的一种方式。它通常用于影片的开头或结束以及一个场景的开始或终结，使观众有个短暂的间歇，与舞台喜剧演出的幕起和幕落相似。

渐显或淡入一般用于段落或全片开始的第一个镜头，引领观众逐渐进入。反之渐隐或淡出是画面由正常逐渐暗淡，直到完全消失，常用于段落或全片的最后一个镜头，可以激发观众回味。通常淡入淡出连在一起使用，是最便利也是运用最普遍的转场手段。

淡入淡出是影片中表示时间、空间转换的一种技巧。用“淡”分隔时间空间、表明剧情段落。淡出表示一个段落的终结，淡入则表示开始，能使观众产生完整的段落感，节奏舒缓，具有抒情意味，创造富有表现力的气氛。

由于视觉效果突出，因此过多使用会显得视频剪辑比较琐碎，结果拖沓，因此要注意使用时的转场位置。

（1）导入素材，如图 4-1-1 所示。

（2）将素材拖放至轨道，执行后如图 4-1-2 所示，并导入两段及以上的素材。

（3）在“效果”控件中，点击“溶解”—点击“黑场过渡”，点击拖放至第一段素材。执行后如图 4-1-3 所示。

（4）将鼠标放置“黑场过渡”位置，即可调整过渡时长，如图 4-1-4 所示。

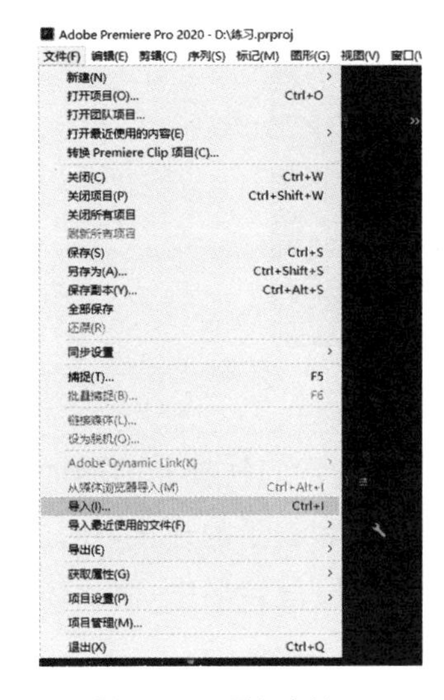

图 4-1-1　导入素材

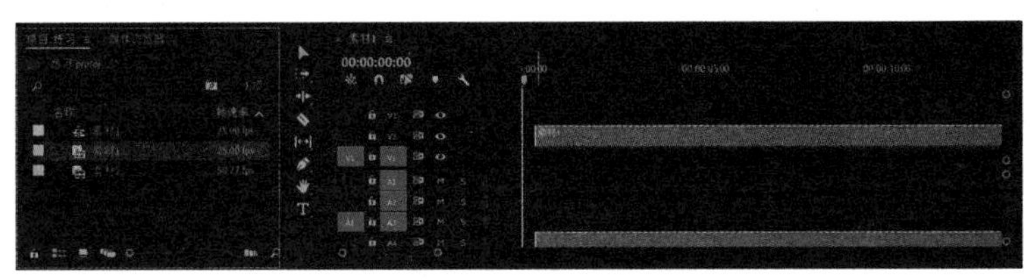

图 4-1-2　将素材拖放到轨道

图 4-1-3　添加黑场过渡特效

2. 叠印

“叠印”是指前后画面各自并不消失，都有部分“留存”在银幕或荧屏上，如前一个镜头消失之前，后一镜头已逐渐显露，两个镜头由清楚到重叠模糊再到清楚，最后变成后一镜头，两个画面有若干秒重叠的部分。运用这种转场技法进行镜头连接，给人连贯流畅的感觉。

叠印也叫划出、划入或叠化。叠化的方式可以是前一个画面叠化出后一个画面，也可

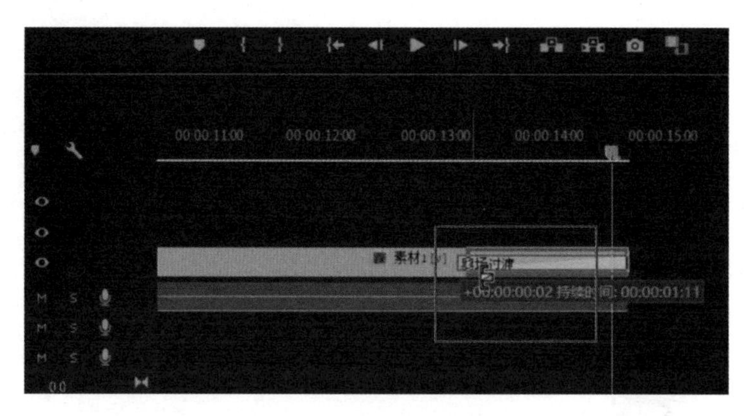

图 4-1-4　可调整过渡时长

以是主体画面内叠加其他画面，具有不同的表现功能，可以表现明显的空间转换和时间的自然过渡，也常用在幻觉、错觉、回忆等；还有不同环境变化，不同人物和场景的连接，往往需要这种方式进行处理。在表现时间流逝方面作用突出，不仅体现在段落转场中，而且体现在镜头连接的情绪效果上。

（1）导入两段视频素材，如图 4-1-5 所示。

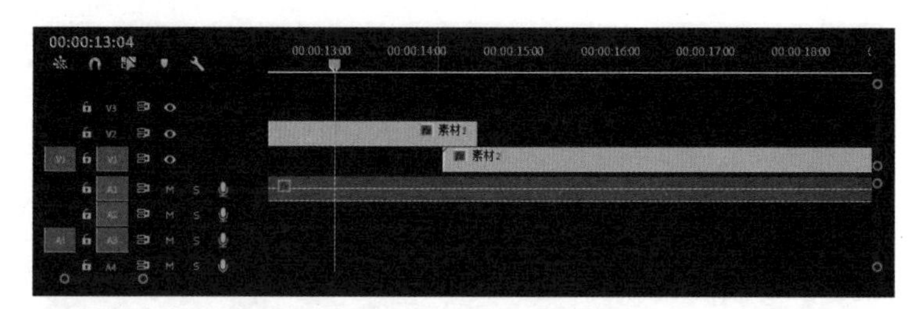

图 4-1-5　导入两段素材

（2）选择“叠加溶解”选项并拖放至素材 1 轨道，如图 4-1-6 所示。

图 4-1-6　添加叠加溶解效果

(3) 调整效果时长，如图 4-1-7 所示。

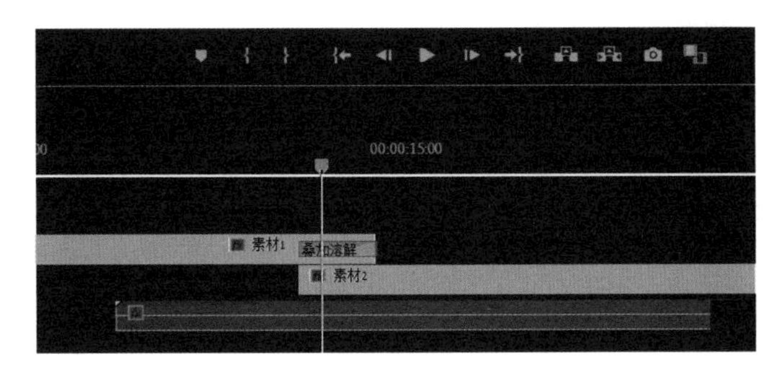

图 4-1-7　调整时长效果

3. 圈入圈出

“圈入圈出”属于划变的一个类型。圈入就是画面从一个小圆开始，逐渐扩大到整个画面，圈出则正好相反，满圆的画向内缩小，呈现下一个画面。

第二个划变效果是翻转、翻页。翻转是画面以屏幕中线为轴转动，前一段落为正画面消失，而背画面转至正面，开始另一个段落。一般来说，翻转比较适合对比性或对照性比较强的两个段落。每幅画面中的内容是并列关系。

第三个划变效果是划入划出，也是表现时间空间转换的技巧之一。用不同形状的线，将前一个画面划去，代之以后一个画面划入。一般适用表现节奏较快、时间较短的场景转换，适合描述异地同时或平行发展的事件。

二、无特技转场

Premiere Pro 中的无特技转场，其实是利用镜头衔接转场的一种方式。Premiere Pro 中的遮罩转场其实是利用遮挡物进行衔接转场的一种方式，在叙事结构不是很严谨的场景中，运用遮罩转场的衔接，出现了新画面，有时能让观众眼前一亮。

(1) 导入可实现遮罩转场的两段素材，如图 4-1-8 所示，并调整至图 4-1-9 的位置。

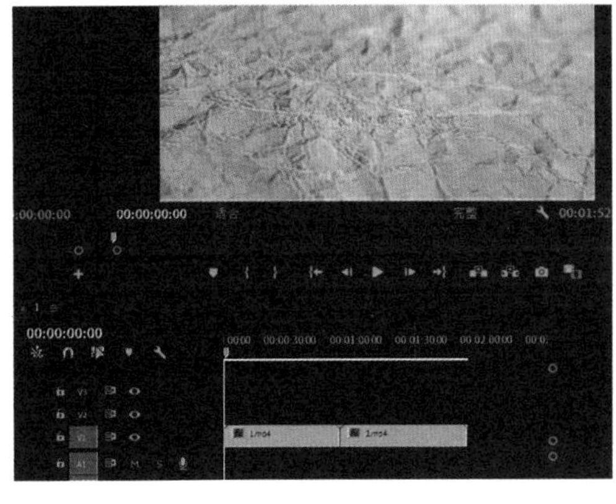

图 4-1-8　导入素材

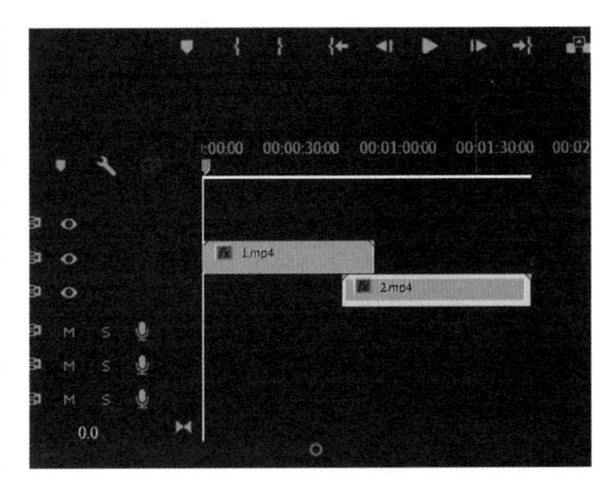

图 4-1-9　导入可实现遮罩转场的素材

图 4-1-10　找到不透明度

(2) 在“效果控件”中，找到“不透明度”，点击钢笔的图案，如图 4-1-10 所示。

(3) 在以一个片段遮罩处的尾端绘制相应的区域，如图 4-1-11 所示。

(4) 绘制完成后，点击“蒙版路径”前面的“时钟符号”即打入关键帧。同时，勾选“已反转”选项，如图 4-1-12 所示。

(5) 根据画面中遮罩物体的移动，调整所选区域的位置。

(6) 若画面太过生硬：①可以在“效果控件”—“蒙版”—“蒙版羽化”中添加羽化效果，使转场效果更加柔和；②可以增加所选区域移动的频率，移动频率越高，移动范围越小，转场效果越好(图 4-1-13、图 4-1-14)。

图 4-1-11　绘制相应区域

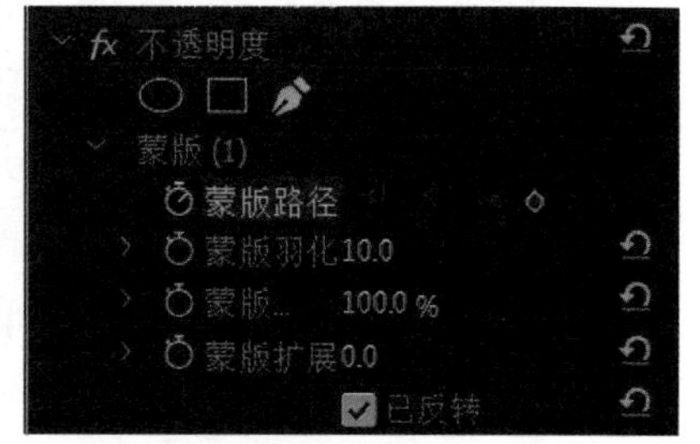

图 4-1-12　勾选已反转

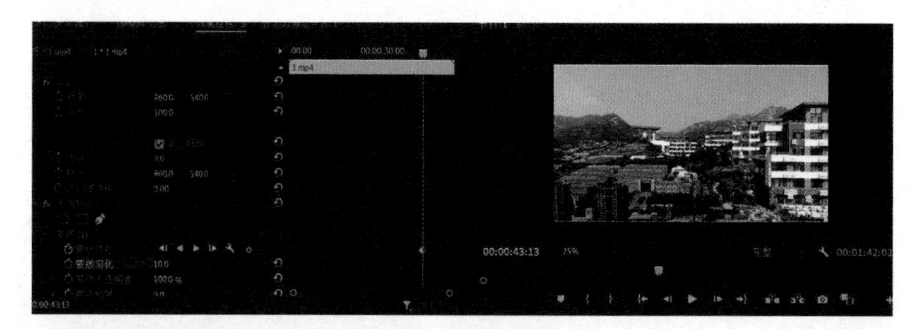

图 4-1-13　添加羽化效果

图 4-1-14　增加所选区域移动频率

第 2 节　视频特效详解

一、视频特效是怎样练成的

视频特效是指在视频编辑与后期制作过程中，通过特定技术和工具对视频素材进行加工处理，从而创造出独特视觉效果和增强观众体验的一种手段，广泛应用于影视剧、广告、音乐视频、社交媒体等领域。在影视剧中，人工制造出来的假象和幻觉被称为影视特效（也被称为特技效果）。拍摄电影时通常利用影视特效技术避免让演员处于危险的境地、减少电影的制作成本，或者制作扣人心弦的画面效果，如图 4-2-1 所示。

图 4-2-1　电影运用的特效示例

电影作为一种视觉艺术如梦境般引人入胜，而影视特效是这些梦境中最为绚烂夺目的元素。它为电影注入了观众从未目睹或未曾想象的奇妙景象。影视特效作为电影创作的重要手段，不仅仅是为了追求视觉上的震撼，更是为了深化电影的情感表达，增强故事的真实感和可信度，让观众在观影过程中沉浸于一个既梦幻又真实的世界。影视特效的创作应遵循真实的创作原则。

剪辑视频的时候除了为视频添加转场过渡效果来突出画面的表现力外，还可以通过添加不同类型的特效来增加视频画面的生动性，视频特效也可以用来弥补拍摄过程中所造成的画面的缺陷。

二、视频特效集锦

视频特效集锦

1. 变换特效

（1）变换：主要用来调整画面的显示方式。

（2）垂直翻转：单击鼠标左键—拖拽到视频—点击视频—点击效果控件垂直翻转，执行

后效果如图 4-2-2 所示。点击“效果开关”可以切换视频的效果是否显示。

图 4-2-2　垂直翻转

2. 图像控制

(1) 图像控制中可以对图像的颜色进行处理,从而产生一些特殊的视觉效果。

(2) 黑白效果:单击鼠标左键—拖拽到视频—点击视频—点击效果控件黑白,执行后效果如图 4-2-3 所示。这里有一个黑白特效的命令,执行后视频素材变成了黑白的效果,可以点击“钢笔工具”绘制一个选区,选区内的效果就变成了黑白,选区之外的效果保留原有的颜色,如图 4-2-4 所示。

3. 扭曲效果

(1) 扭曲效果:主要是使图像产生变形效果。

(2) 球面化效果:单击鼠标左键—拖拽到视频—点击视频—点击效果控件球面化—调整球面化的半径,执行后效果如图 4-2-5 所示。

4. 时间效果

(1) 残影:可以产生视觉的重叠效果。色调分离时间可以改变帧速率。

图 4-2-3　设置黑白效果

图 4-2-4　仅选区为黑白

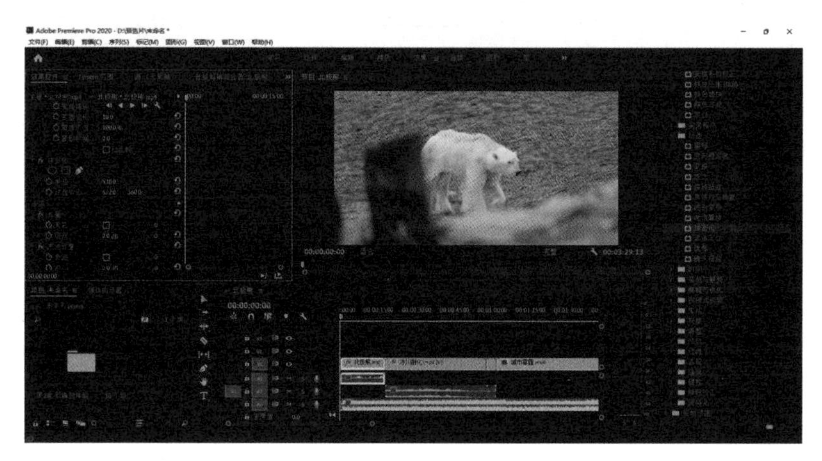

图 4-2-5　球面化效果

（2）色调分离:单击鼠标左键—拖拽到视频—点击视频—点击效果控件球面化—调整球面化的半径,执行后效果如图 4-2-6 所示。视频素材变成一种卡顿、抽帧效果。

图 4-2-6　调整球面化效果

5. 杂色与颗粒效果

（1）杂色与颗粒：可以为视频添加杂色的效果。

（2）杂色效果：单击鼠标左键—拖拽到视频—点击视频—点击效果控件杂色—调整杂色数量，执行后效果如图 4-2-7 所示。

图 4-2-7　调整杂色效果

6. 模糊与锐化

（1）模糊效果：使视频产生模糊效果。锐化可以使素材更清晰。

（2）高斯模糊：单击鼠标左键—拖拽到视频—点击视频—点击效果控件高斯模糊—调整模糊度，执行后效果如图 4-2-8 所示。

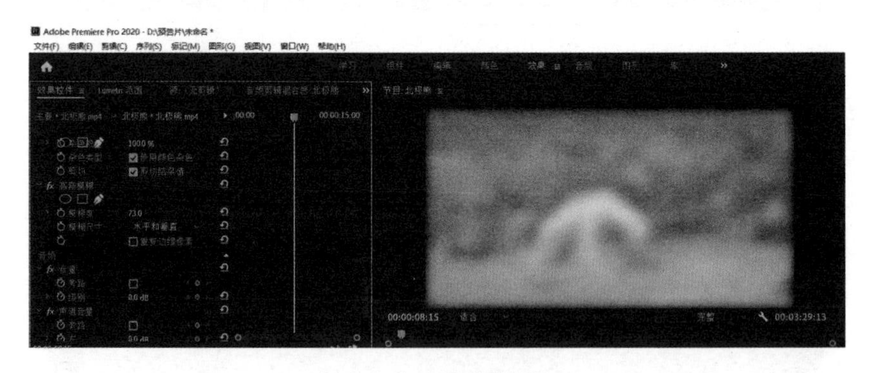

图 4-2-8　调整模糊效果

7. 生成效果

生成效果中常用的有镜头光晕、网格、闪电和书写等效果。

8. 过渡效果

（1）百叶窗效果：单击鼠标左键—拖拽到视频—点击视频—点击效果控件百叶窗—调整过渡完成数值，执行后效果如图 4-2-9 所示。

（2）点击效果控件百叶窗—调整方向，执行后效果如图 4-2-10 所示。

图 4-2-9　添加百叶窗效果

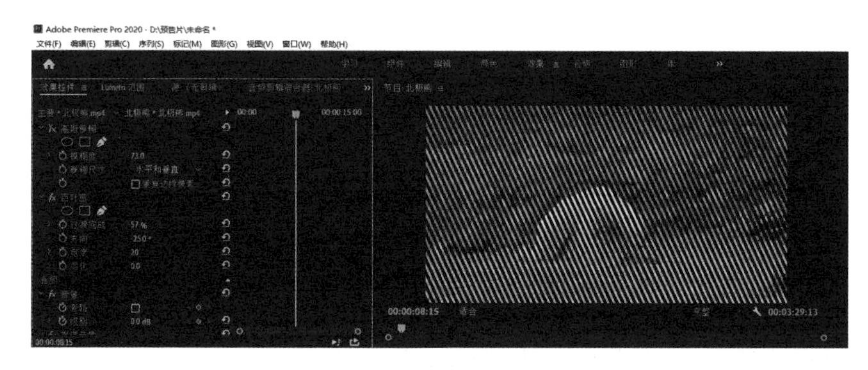

图 4-2-10　调整百叶窗效果方向

（3）点击效果控件百叶窗—调整宽度，执行后效果如图 4-2-11 所示。

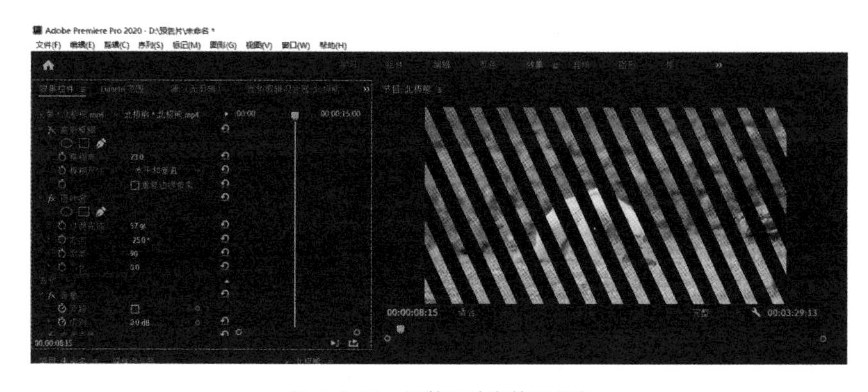

图 4-2-11　调整百叶窗效果宽度

（4）点击效果控件百叶窗—调整羽化，执行后效果如图 4-2-12 所示。

9. 透视效果

透视主要制作一些三维图案，使画面产生立体效果。在透视中，投影以及斜面 Alpha 较为常用。

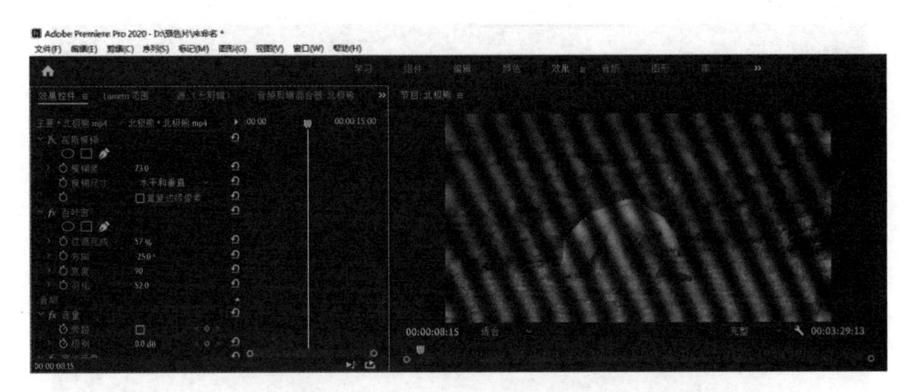

图 4-2-12　调整百叶窗效果羽化

10. 键控以及颜色校正

键控主要针对抠取蓝绿屏素材，颜色校正也是 Premiere Pro 中的核心功能之一。

11. 风格化效果

(1) 风格化：有点类似 PS 中的滤镜。

(2) 马赛克效果：单击鼠标左键—拖拽到视频—点击视频—点击效果控件马赛克，执行后效果如图 4-2-13 所示，也可以局部马赛克，点击效果控件马赛克—点击钢笔，执行后效果如图 4-2-14 所示。

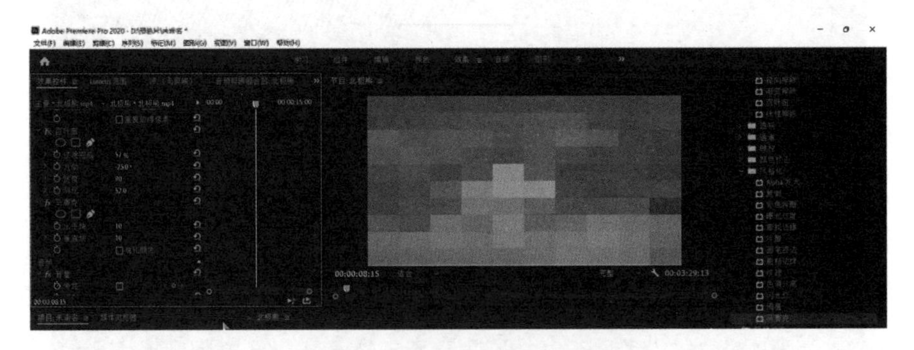

图 4-2-13　执行马赛克效果

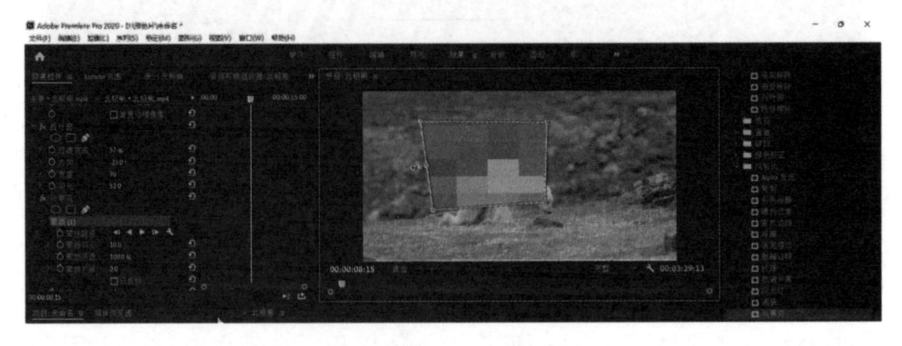

图 4-2-14　局部马赛克

(3) 风格化调色：一部电影或者短片一般是由多个场景组合而成，而由于不同场景的光线、白平衡、画面颜色不同，在后期调色的时候，就必须对这些素材进行统一的色彩校正，尽可能让所有素材的曝光、白平衡、饱和度、色彩等基本元素相近或相同。在之后进行风格化调色才能使影片保证统一的色彩风格。

Lumetri 调色面板分为六部分，如图 4-2-15 所示：基本校正、创意、曲线、色轮和匹配、HSL 辅助、晕影，其中基本校正属于色彩校正，后五个板块属于风格化调节。

打开基本校正面板，首先可以看到一个叫作 LUT 的单词，类似滤镜，除了 LUT 之外，的基本校正面板大致分为三个板块，分别是白平衡、色调和饱和度，如图 4-2-16 所示。

图 4-2-15　Lumetri 调色面板

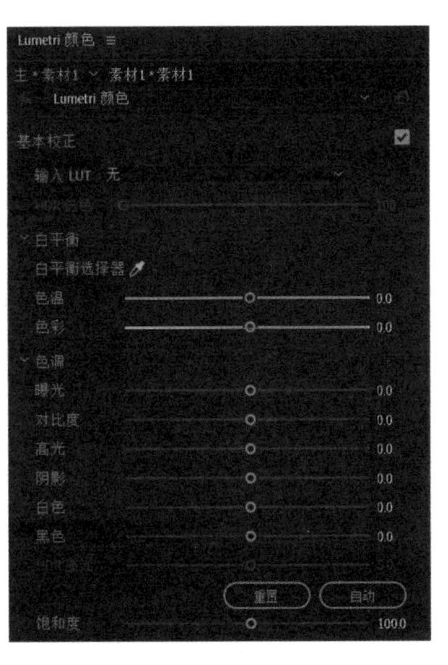

图 4-2-16　色彩校正面板三大板块

色彩校正就是校正画面的色彩和曝光；白平衡面板就是校正画面色彩的色调；饱和度面板则是用来校正曝光的白平衡，简单地说就是画面中白色的平衡。白平衡准确，看到的画面就和眼睛看到的真实画面基本一致，如果白平衡不准确，画面就会出现偏蓝或者偏黄等情况。

曝光通过色调面板来控制。可以看到色调面板分为六部分，分别是曝光、对比度、高光、阴影、白色和黑色。我们通过直方图来解释，假设一张直方图如图 4-2-17 所示，越靠近左边越暗，越靠近右边越亮。为了方便控制，把这个直方图拆分为五部分，其中最暗的部分通过黑色来控制，次暗的部分通过阴影来控制，画面的中间通过曝光来控制，较亮的地方通过高光来控制，画面中最亮的部分通过白色来控制，而对比度就是控制画面中的明暗对比。在软件操作中，控制曝光一般不用直方图，而是用 Lumetri 范围。

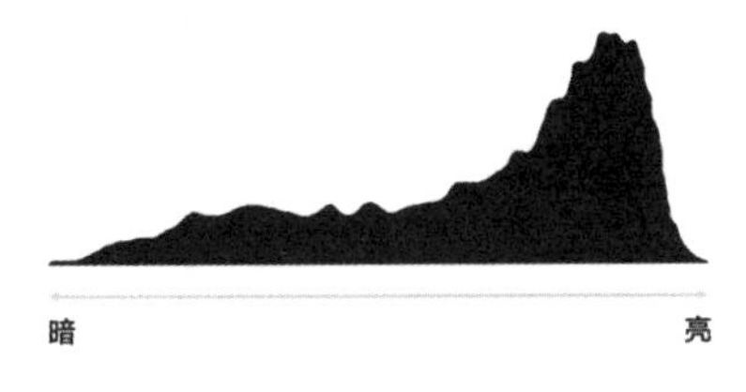

图 4-2-17　曝光直方图

找到菜单栏中的窗口，勾选其中的 Lumetri 范围，让

Lumetri 范围在面板中显示出来，如图 4-2-18 所示。进入 Lumetri 范围后可以看到左边有 0～100 的标志，如图 4-2-19 所示。数值代表了画面的亮度，0 是黑色，最暗；100 是白色，最亮。总结来说就是数值越低越暗，数值越高越亮。

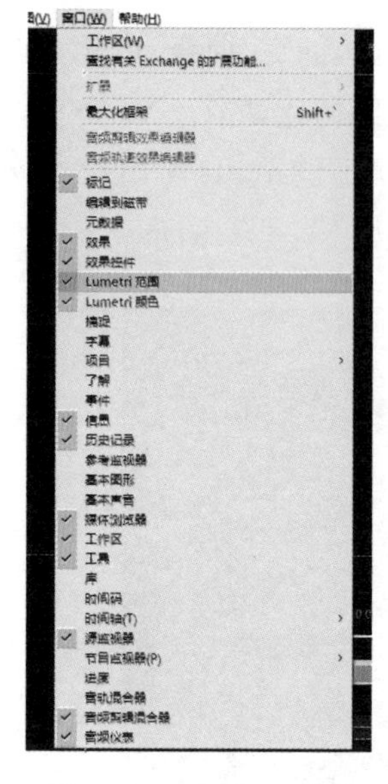

图 4-2-18　Lumetri 范围

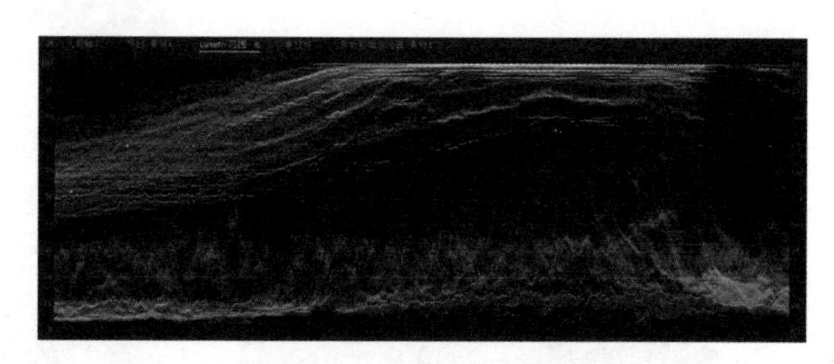

图 4-2-19　Lumetri 范围详细图

在 Premiere Pro 里，曝光控制画面的中间调，阴影控制较暗部分，黑色控制最暗部分，高光控制较亮部分，白色控制最亮部分。

打开软件界面如图 4-2-20 所示，可以看到波形图范围集中显示在中部，同时缺少了暗部的黑和亮部的白，对比度比较小，看上去整体灰蒙蒙的。白平衡就是调整画面中白色的平衡。如果白平衡正确，看到的会是一个比较舒服的画面颜色。可以用白平衡选择器（图 4-2-21）选中画面中白色的部分，可以拉动数值调整白平衡的色调。向左拉，色温会越来越冷，向右拉色温会越来越暖，也可以调整它的色彩颜色。

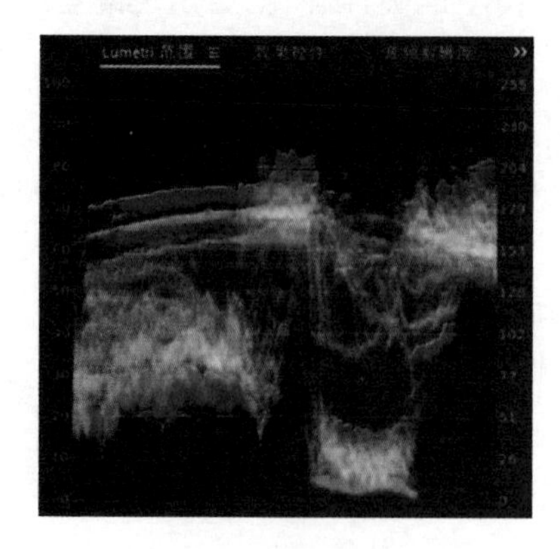

图 4-2-20　波形图范围

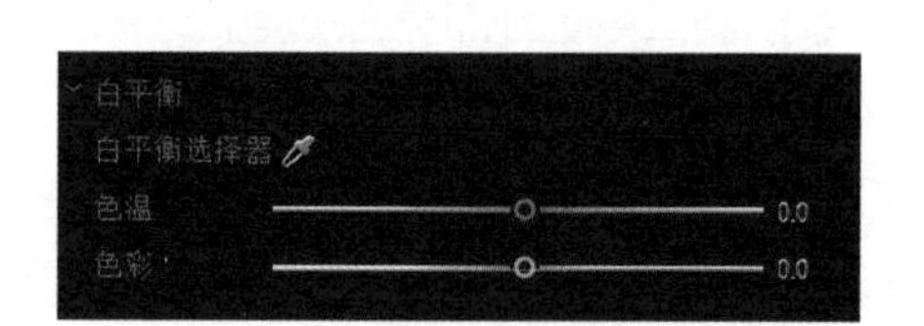

图 4-2-21　白平衡选择器

色调包括曝光、对比度、高光、阴影、白色、黑色。首先是曝光，曝光会直接影响画面的明暗。将曝光向右拉，画面整体变亮，波形图向上移动(图 4-2-22)，将曝光向左拉，画面整体变暗，波形图向下移动(图 4-2-23)。也可以拉动对比度，将对比度拉大，让亮暗对比更加的明显(图 4-2-24)，这样看起来更加自然了。这里需要说的是，如果波形图突破了 0，就意味着画面中出现了“死黑”，画面没有了细节，如果突破了 100，就说明画面中出现了“死白”，同样没有细节，所以在调整的时候需要控制波形图，尽量不要超过 0～100 的范围。

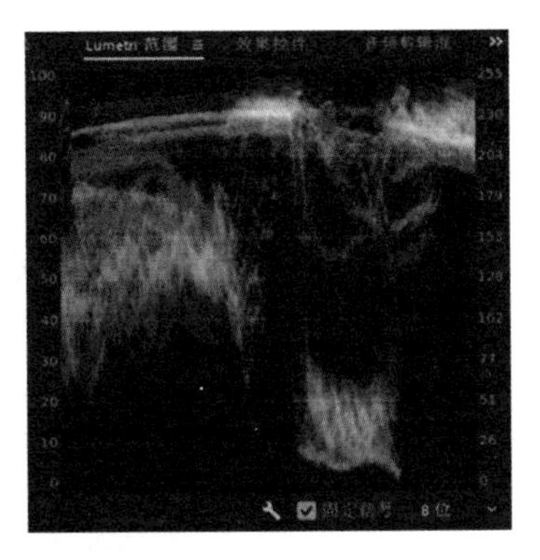
图 4-2-22　调整曝光

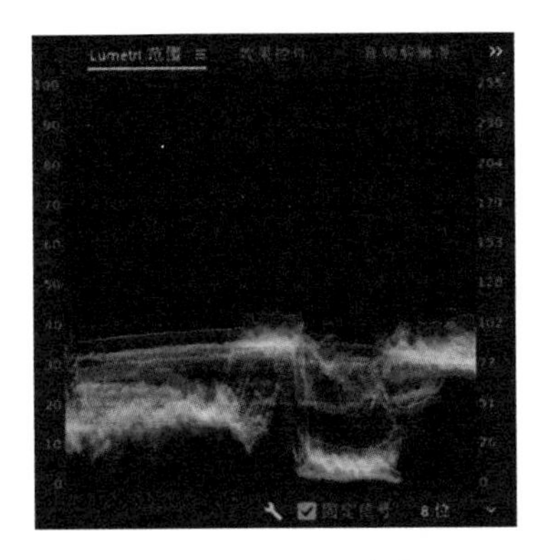
图 4-2-23　画面变暗

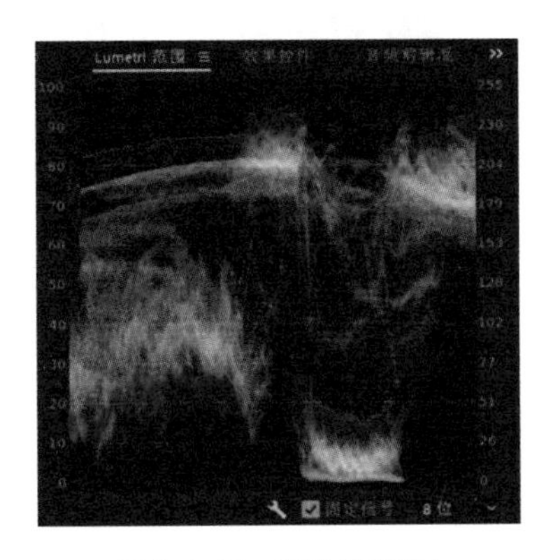
图 4-2-24　调整亮暗对比

阴影会影响画面里暗的部分，亮的部分不会受到影响。将阴影向左拉，波形图下半部分会下移，画面里比较暗的部分会变得更暗；向右拉画面比较暗的部分会变亮，阴影是让暗的部分细节更加丰富，另外将高光向右拉，阴影向左拉和对比度类似，也可以将画面的明暗对比提升，让画面看起来更加通透。

白色和高光类似，只是比高光的效果更强，可以使画面里亮部更加白。一般用来大幅提高或者抑制画面里高光的部分，换句话说就是高光调节不够用的时候，可以用白色继续提升，或者是抑制高光部分。

黑色也是一样，可以让暗部变得更加黑，阴影调节不够用的时候，可以继续调整黑色。

饱和度就是指色彩的鲜艳程度，可以对饱和度的数值做出微调，当画面看上去接近肉眼所见，这就说明基本色彩校正已经完成了。

风格化调色是需要在色彩校正的基础上，通过调整色彩的饱和度、曲线、高光、阴影等参数来调整画面的风格。

进入软件中，有一个单词“Look”(图 4-2-25)，其效果类似滤镜。添加此效果之后，会出现比较明显的风格变化，而下面的强度值则是控制这个滤镜的强度，数值小不明显，数值大就会比较突出。这里需要注意的是，只要色彩校正没有问题，可以随便套用“Look”效果，不会有太大的问题。

淡化胶片：会降低画面的饱和度，容易出现灰蒙蒙的感觉，少量使用会提升画面的质感（图 4-2-26）。

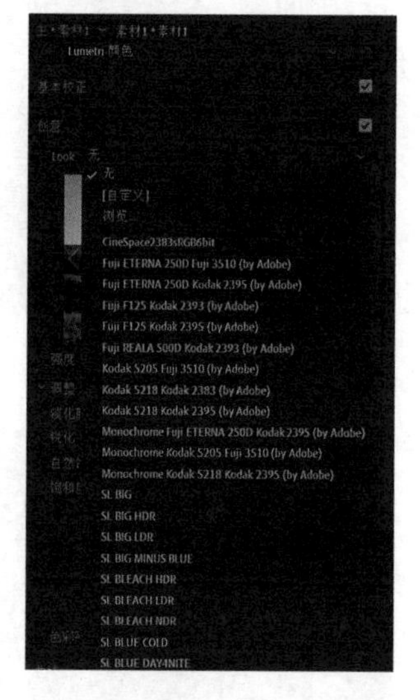

图 4-2-25　Look

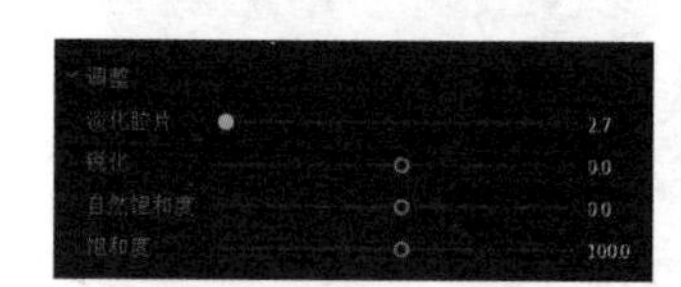

图 4-2-26　淡化胶片

锐化：提升锐化值会使焦距内的画面看起来更加清晰，然后向左拉锐化值，画面会看起来比较模糊，如图 4-2-27、图 4-2-28 所示。

图 4-2-27　画面更清晰

图 4-2-28　画面更模糊

色彩的自然饱和度、饱和度：提升饱和度，画面所有的颜色都会变得更加鲜艳，也就是说饱和度是作用于整个画面的，而自然饱和度会提升皮肤的饱和度，会比较自然。

阴影色彩和高光色彩(图 4-2-29)：阴影控制的就是画面当中比较暗的部分，高光控制的就是画面中比较亮的部分，假设在高光的位置去选择一个橙色，那整体画面的色调都是偏暖色系的(图 4-2-30)，然后在阴影的色彩中调整，调成偏青色，在阴影的颜色调整后，画面会是偏冷色系(图 4-2-31)。

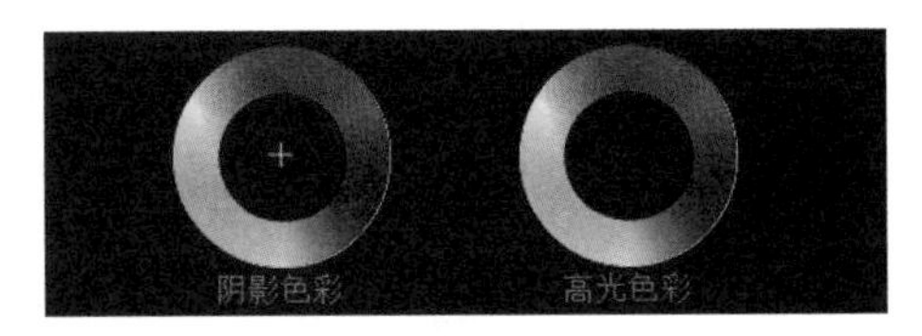

图 4-2-29　阴影色彩与高光色彩

图 4-2-30　暖色系画面

图 4-2-31　冷色系画面

色彩平衡：降低色彩平衡的参数控制数值。在画面中会加强高光添加颜色控制，提升数值会加强阴影添加的颜色控制，可以通过色彩平衡对阴影颜色和高光颜色以及整体颜色进行调整。

曲线(图 4-2-32)：曲线向上拉，画面会变亮(图 4-2-33)，向下会变暗(图 4-2-34)，这个是曲线的控制效果。那么点击红色通道向上拉，画面会变成红色，向下拉颜色会变得更深(图 4-2-35、图 4-2-36)，同样的方法调整绿色(图 4-2-37、图 4-2-38)、蓝色

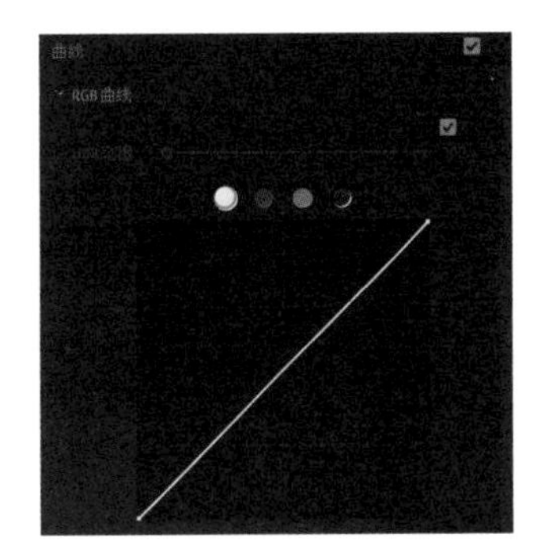

图 4-2-32　色彩平衡曲线

(图 4-2-39、图 4-2-40)。可以调整曲线的弧度,来提升画面的对比度(图 4-2-41)。

图 4-2-33　画面变亮

图 4-2-34　画面变暗

图 4-2-35　画面变红

图 4-2-36　画面颜色变深

图 4-2-37　画面变绿

图 4-2-38　画面颜色变深

图 4-2-39　画面变蓝

图 4-2-40　画面颜色变深

图 4-2-41　提升对比度

色相与饱和度:与传统的曲线有区别,指的是控制某个色相的饱和度。点击吸管,去选中画面中女孩的衣服(图 4-2-42),然后在色相与饱和度当中会出现 3 个点(图 4-2-43),可以拖动这个点去更改选中颜色的色相和饱和度。如果向上拉饱和度比较高,向下拉饱和度就比较低。

图 4-2-42　吸取颜色

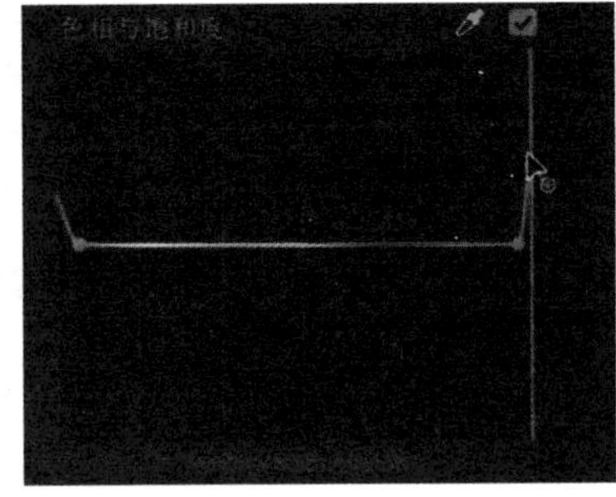

图 4-2-43　改变色相与饱和度

色相与颜色:可以更改衣服的颜色。选中画面中的红色部分,可以进行更改,变成其他颜色(图 4-2-44、图 4-2-45)。

图 4-2-44　变为紫色

图 4-2-45　变为橙色

色相与亮度:点击一下吸管,点击裙子去做色相与亮度的调整,可以看到服装颜色发生了亮度的变化(图 4-2-46)。

图 4-2-46　服装颜色变化

亮度与饱和度：在控制窗口，越靠近左边就意味着亮度越低，越靠近右边意味着亮度越高。

色轮和匹配(图 4-2-47)：点击色轮与匹配出现了 3 个色轮：阴影、中间调、高光。向上调整阴影，波形图向上移动，画面整体偏灰；向上调整高光部分，整体画面会变亮。

图 4-2-47　色轮

HSL 辅助(图 4-2-48)：这里的色温、色彩、对比度、锐化以及饱和度和基本校色里面的功能一样，可以根据画面的需求做出相应调整。

图 4-2-48　HSL 辅助

晕影：通过调节参数可以控制画面的效果，例如制作四边比较深的效果(图 4-2-49)，或者是周围比较白的效果(图 4-2-50)，以突出主体。

图 4-2-49　四周黑

图 4-2-50　四周亮

第3节　案例实操

通过案例介绍视频特效中的特效类型及作用，综合运用特效知识。

一、轻松掌握——文字飞散效果

文字飞散效果

（1）将素材导入到项目面板中—将视频素材拖拽到时间线面板—点击文本工具创建文本“那年夏天”，在“效果控件”中将“位置、缩放”分别设为“1494.0”“616.0”“158.0”，执行效果如图 4-3-1 所示。

图 4-3-1　设置位置与缩放

（2）点击“效果”—“视频效果”—“扭曲”—“湍流置换”—“拖拽到文本图层”，在“效果控件”中将“数量”起始设为“0.0”（一定要将“数量”前面的小闹钟点亮），“大小”设为“2.0”，“演化”设为“121.0”，执行后效果如图 4-3-2 所示。结束时将“数量”设为“2413.0”，执行后效果如图 4-3-3 所示。

（3）点击选择工具—选择文字图层，在视频快结束时在“效果控件”中将“不透明度”设为“100.0%”，执行效果如图 4-3-4 所示。在结束时将“不透明度”设为“0.0%”，执行效果如图 4-3-5 所示（一定要将“不透明度”的小闹钟点亮）。

（4）拖拽分杂色素材到时间轴—点击“保护环境文本图层”—“效果”—“视频效果”—“键控”—“轨道遮罩键”—拖拽到文本图层，在“效果控件”中将“轨道遮罩键”中的“遮罩”设

为“视频 3”，执行效果如图 4-3-6 所示。

（5）拖拽文字消散粒子素材到时间轴—点击“消散粒子图层”，在“效果控件”中将“不透明度”中“混合模式”设为“滤色”，执行效果如图 4-3-7 所示。

图 4-3-2　设置湍流置换

图 4-3-3　设置后效果

图 4-3-4　设置不透明度为 100.0%

图 4-3-5　设置不透明度为 0.0%

图 4-3-6　设置遮罩效果

图 4-3-7　设置混合模式

书本翻页效果

二、轻松掌握——书本翻页效果

书本翻页效果的制作是利用视频效果中的变换、残影、径向阴影来制作翻页转场效果，可以让视频变得更加唯美。在制作一段视频前，需要先确定视频主题，收集整理好视频素材，再将整理好的素材导入 Premiere Pro 中。

(1) 将图片素材导入项目面板中。选择全部图片素材—将图片素材拖拽到时间线面板中，执行后如图 4-3-8 所示，可以调整查看图片素材显示的时间。如果想修改一下图片导入存在的时间，需要执行“编辑”—“首选项”—“时间轴”，将每张静止图像默认时间设为“持续为 4 秒钟时间”，执行后如图 4-3-9 所示。如果删除导入的图片素材，需要全部选中素材，按键盘上的 Delete 键删除，再重新导入，将素材拖拽到时间线面板中。这时再观察每张图片导入的时间，便确定持续 4 秒钟。将第二张图片放在第一张图片与之重叠两秒钟—素材多余的部分剃刀工具截断—多余的部分放在下面图层，执行后如图 4-3-10 所示。

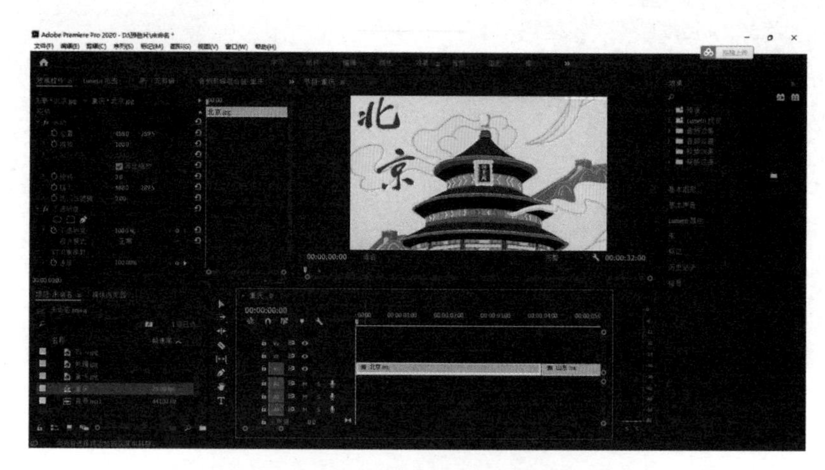

图 4-3-8　导入全部图片素材

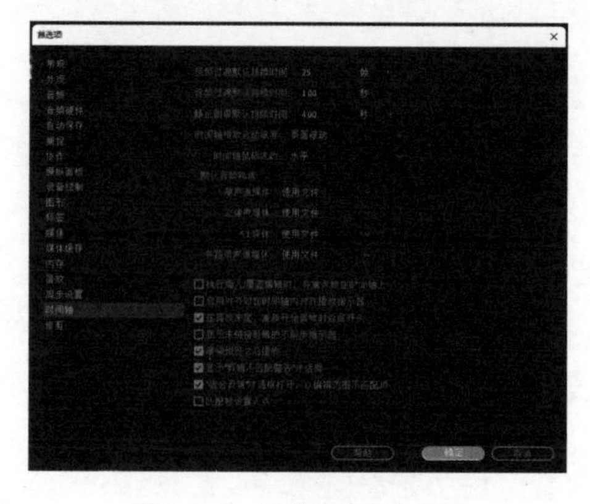

图 4-3-9　设置图片存在时间

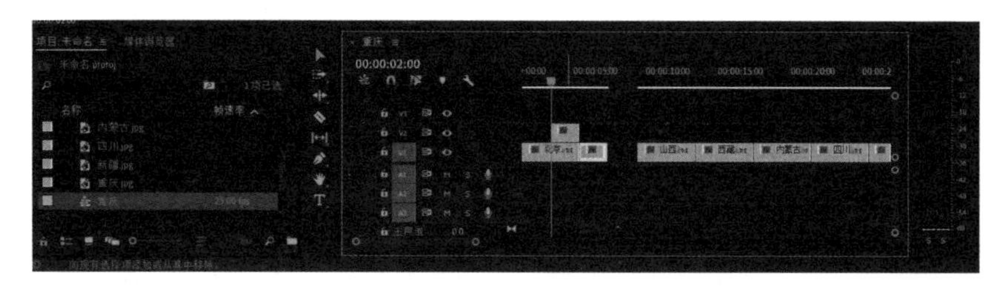

图 4-3-10　设置叠加顺序

（2）执行“效果”—“视频效果”—“扭曲”，将“变换”属性拖拽给上面视频素材，执行后如图 4-3-11 所示。执行“效果控件”—“变化属性”调整，在末尾帧的位置打上关键帧，在起始点将“位置”设为“－536.0”“298.5”，执行后如图 4-3-12 所示。如果让画面中的动画有一个节奏，需要调整关键帧动画，选择末尾帧—单击鼠标右键—选择“临时插值”—点击“缓入”—点开“位置”，调整它的贝塞尔曲线，产生由快到慢的效果，执行后如图 4-3-13 所示。

图 4-3-11　设置变化属性

图 4-3-12　设置位置属性

（3）制作残影效果。在制作残影效果时，需要将素材先进行一次嵌套，是为了避免在画面后期制作过程中卡顿。鼠标右击视频进行嵌套，执行“效果”—“视频过渡”—“时间”—“残影”—将残影效果拖拽到素材，在“效果控件”将“残影运算符”更改为“从后至前组合”，将“残影数量”设为“6.0”将“残影时间”起始时间设为“－0.1”，结束时间设为“0.0”，执行后如图 4-3-14 所示。

图 4-3-13　调整速度属性

图 4-3-14　残影效果

（4）制作投影效果。执行“效果”—“透视”—“径向阴影”—将径向阴影拖拽到残影的上方，将“投影距离”设为“1.0”，“柔和度”设为“20.0”，执行后如图 4-3-15 所示。将素材分割如图 4-3-16 所示，双击“嵌套视频”—单击右键—点击“复制”，执行后如图 4-3-17 所示。

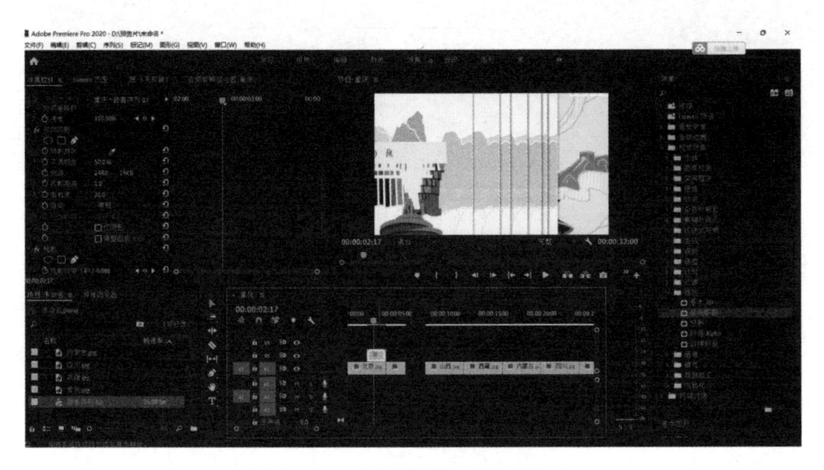

图 4-3-15　设置投影距离与柔和度

返回执行全选上方素材—单击右键—粘贴属性，执行后如图 4-3-18 所示。将素材全部单个嵌套—点击第一个嵌套素材—单击右键—点击“复制”—全选剩下上方素材—单击右键—粘贴属性，执行后如图 4-3-19 所示。

图 4-3-16　分割素材

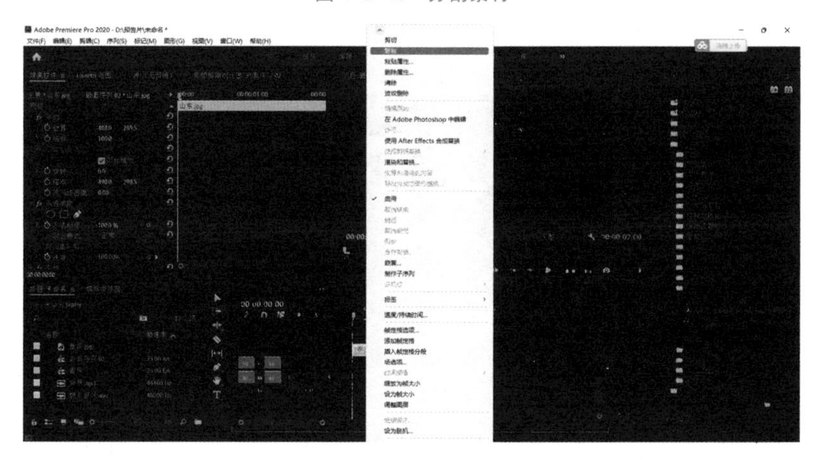

图 4-3-17　复制嵌套视频

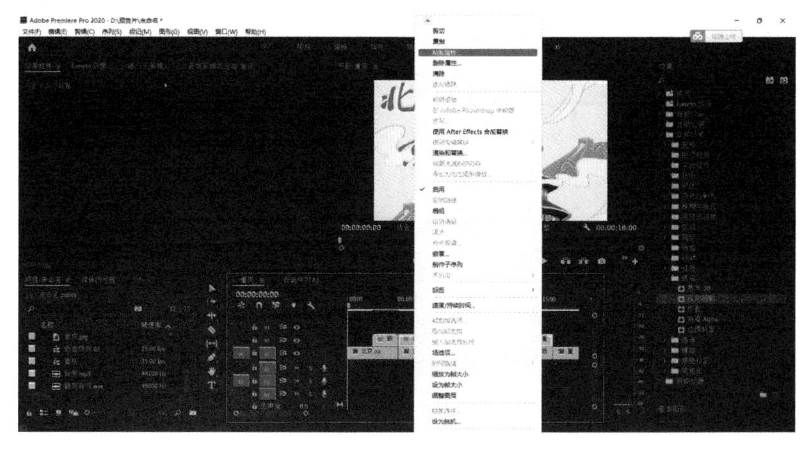

图 4-3-18　粘贴属性

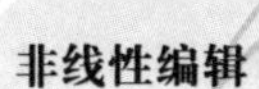

图 4-3-19　全部粘贴属性

(5) 将翻页音效音频素材导入时间轴—截取一段—Ctrl＋C—Ctrl＋V—放在各素材合适的位置，执行后如图 4-3-20 所示。将背景音乐导入时间轴—调整整体时间—按住 Ctrl 键在音频快结束时打上关键帧，在结束时打上关键帧，使得音频有淡出效果，执行后如图 4-3-21 所示。

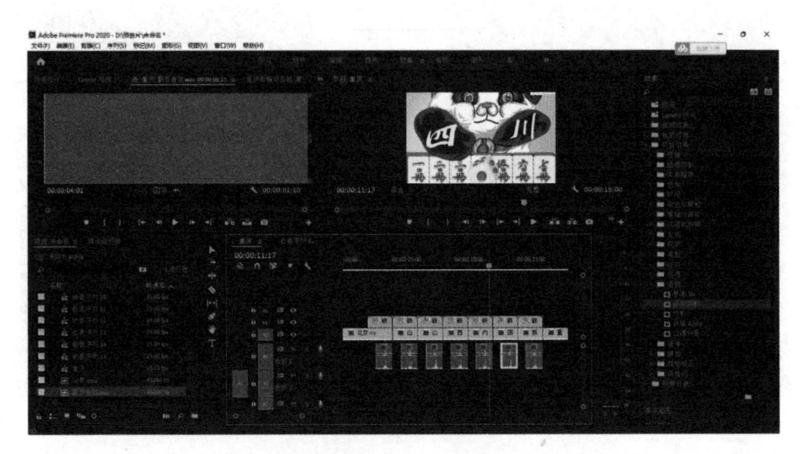

图 4-3-20　音乐位置

图 4-3-21　设置音乐淡出效果

新闻片头
动画案例

三、轻松掌握——新闻片头动画案例

通过特效综合运用、构图处理和色彩表现的完美结合，可以制作出令人叹为观止的片头。片头设计并没有一成不变的模式，要充分发挥设计者的创造力、想象力，从而设计一个精彩而又具有个性的片头。

(1) 新闻片头动画制作的注意事项。新闻片头动画制作要注意：①片头创意要与节目整体风格一致，准确地表现节目的内容和相关信息，给观众以深刻而鲜明的印象；②新闻类栏目的片头须庄重、严肃，多采用蓝、红、黑、银等色调，映衬出栏目严肃的气氛。

音乐在电视节目片头中的作用极其重要。片头的节奏感首先来自音乐，所以一般情况下有了大体的想法后首先会根据创意来寻找适合的音乐，形成音乐小样。然后依据已有的音乐小样控制画面效果，达到音画同步的效果。

(2) 新闻片头动画的制作：将所需要的素材导入项目面板中，单击鼠标右键—新建项目—新建序列，执行后如图 4-3-22 所示。尺寸选择 1 280×720，帧速率选择 25 帧/秒，像素长宽比选择方形像素比(1.0)，视频序列命名为“新闻片头”，单击“确定”，序列就建好了，如图 4-3-23 所示。

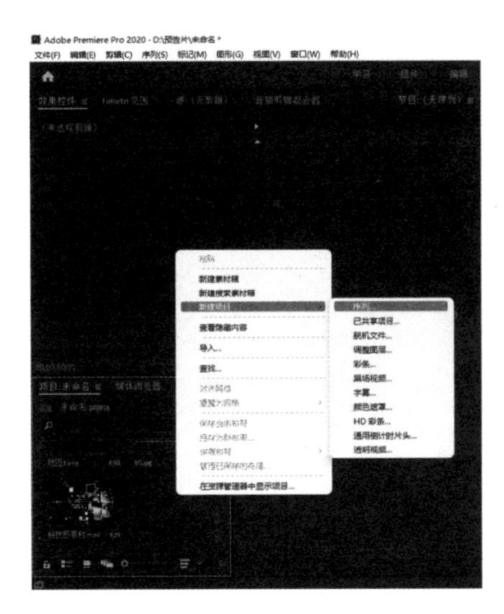

图 4-3-22　新建序列

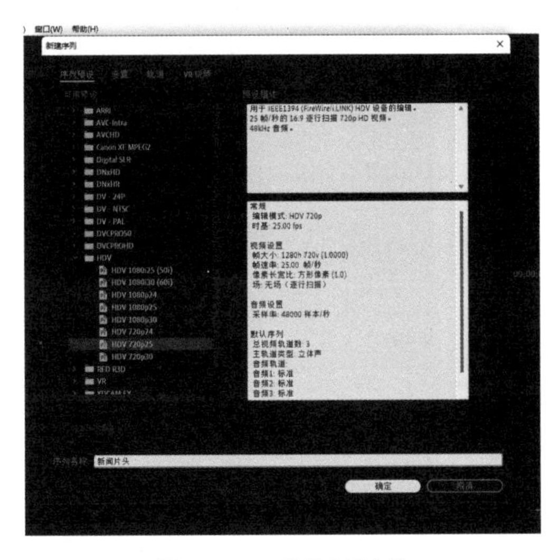

图 4-3-23　设置序列参数

将科技素材拖到时间轴中，保持现有设置，点击“素材”，在“效果”中将“缩放”设为“67.0”，执行后如图 4-3-24 所示。让视频有一个淡入效果，执行“效果”—“视频过渡”—“溶解”—“黑场过渡”—将效果拖拽到视频前方，执行后如图 4-3-25 所示，也可以执行“效果控件”—“不透明度”，在视频开头将“不透明度”设为“0.0%”，在一段时间后将“不透明度”设为“100.0%”，执行后如图 4-3-26 所示。将地图素材拖入时间轴中，将两个素材进行调整，调整到合适的时间，点击“地图素材”，在“效果控件”中将“缩放”设为“199.0”，执行后如

图 4-3-27 所示。执行“效果”—“视频过渡”—“擦除”—“随机擦除”—将效果拖拽到两个素材之间，执行后如图 4-3-28 所示。在项目面板中单击右键—新建项目—点击“颜色遮罩”(什么颜色都可以)—命名为“网格”，执行后如图 4-3-29 所示，将网格拖拽到地图上方，裁剪与地图素材时长一样，如图 4-3-30 所示，执行“效果”—“视频效果”—“生成”—将网格效果拖拽给网格素材—“效果控件”—“网格”，将“锚点”设为“551.0”“321.0”，“边角”设为

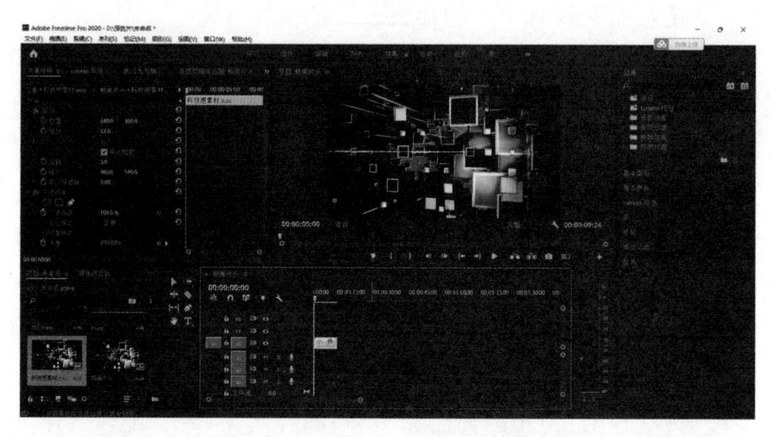

图 4-3-24　设置缩放效果

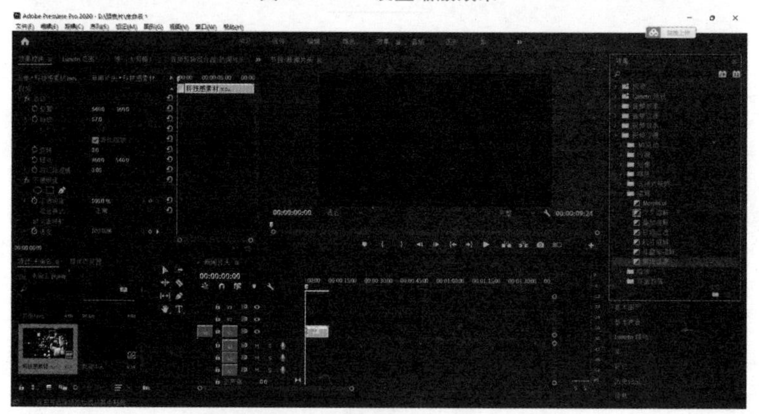

图 4-3-25　设置淡入效果

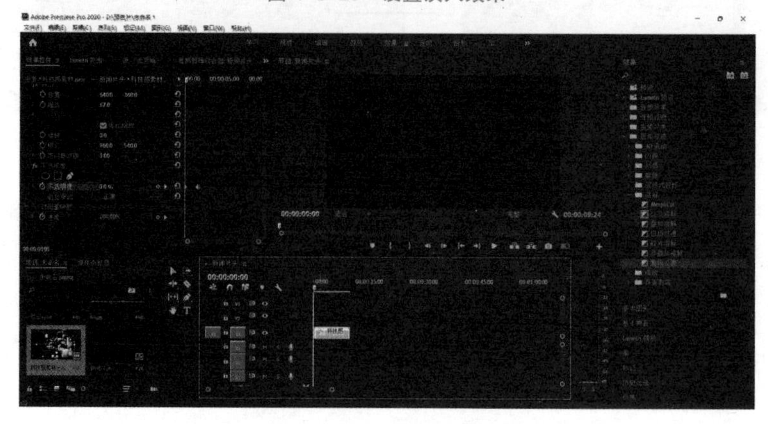

图 4-3-26　设置不透明度

“768.0”“432.0”,“边框”设为“4.0”,“羽化”设为“3.0”,“不透明度”设为“73.0%”,执行后效果如图 4-3-31 所示。将地图素材和网格素材进行嵌套,将随机擦除效果拖拽到两个素材之间,将切入点改为“中心切入”,如图 4-3-32 所示。

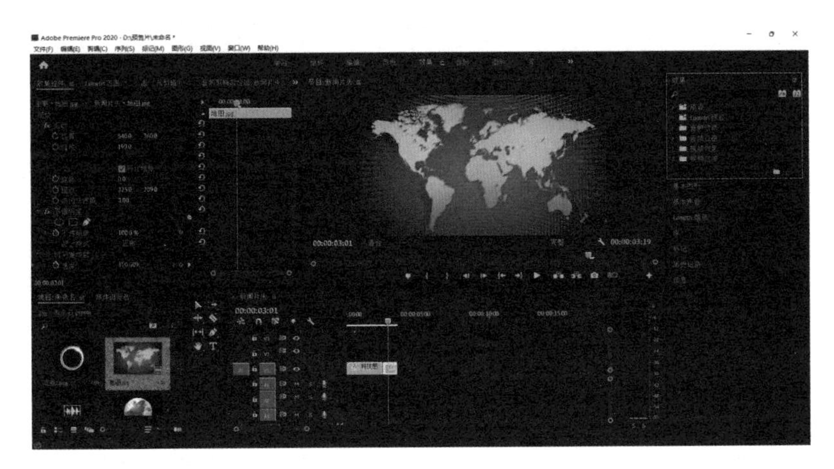

图 4-3-27　设置缩放效果

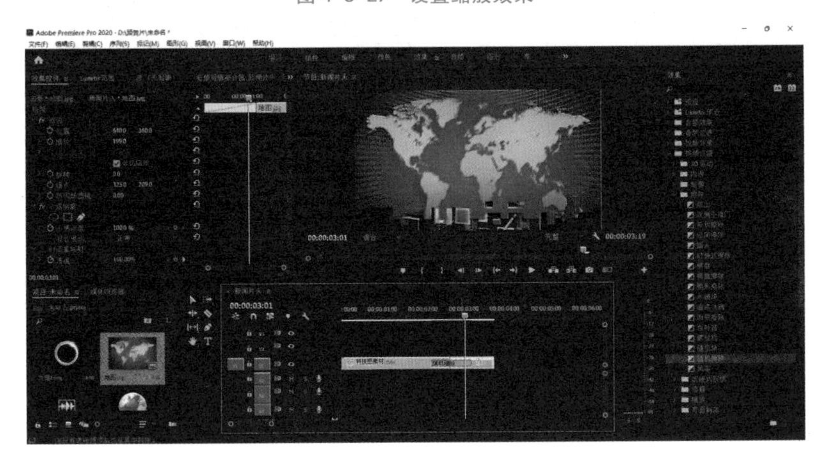

图 4-3-28　设置随机擦除

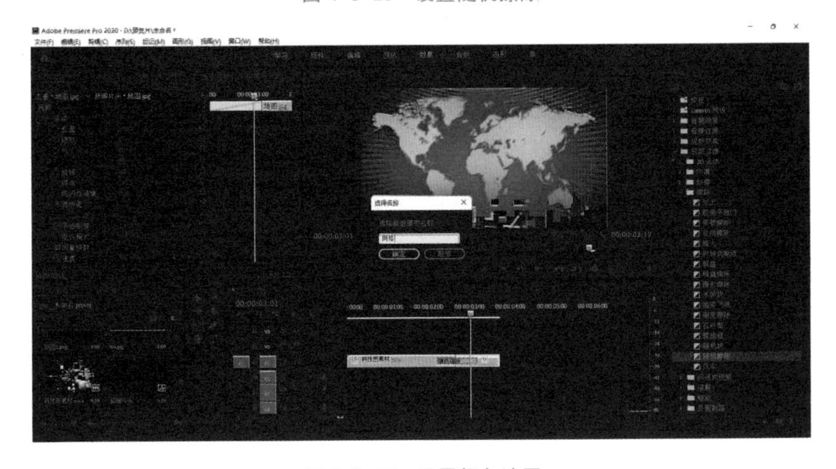

图 4-3-29　设置颜色遮罩

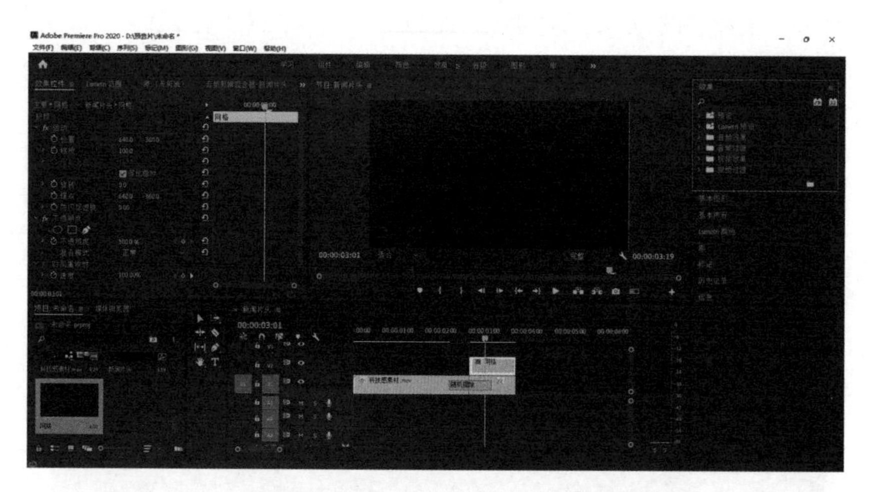

图 4-3-30　调整网络

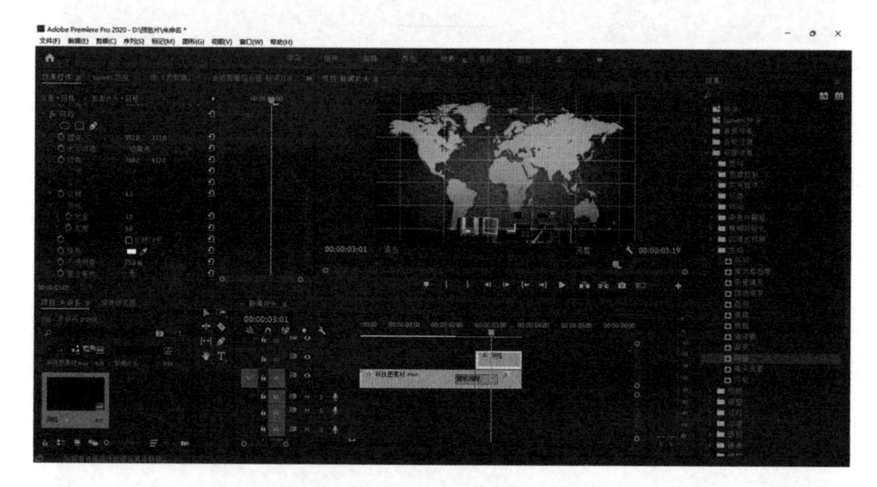

图 4-3-31　网格效果拖拽给网格素材

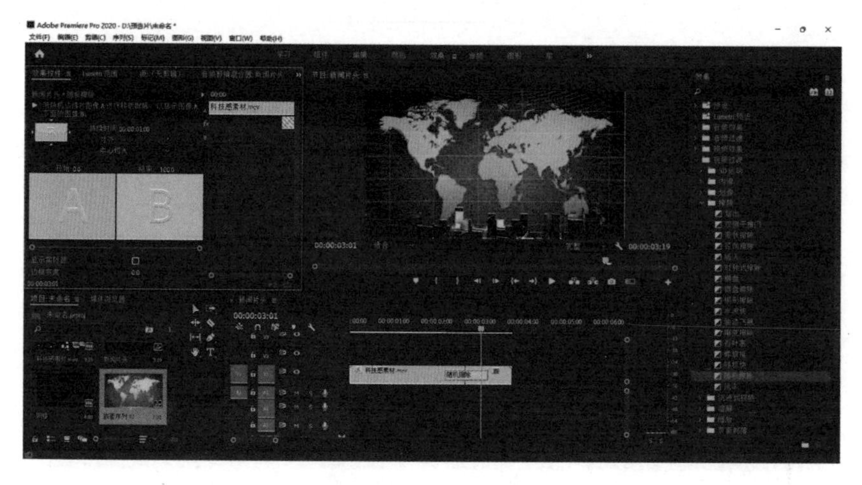

图 4-3-32　进行嵌套

将背景(BG)素材拖到时间轴中,执行“点击 BG 素材”,在“效果控件”中将“缩放”设为“125.0”,执行后如图 4-3-33 所示。将地图素材拖拽到 BG 素材上方,执行“点击地图素材”,在“效果控件”中将“缩放”设为“200.0”,执行后如图 4-3-34 所示。执行“效果”—“视频效果”—“过渡”—将线性擦除拖拽到地图素材,在“效果控件”中将“线性擦除”中“过渡完成”设为“4%”,“擦除角度”设为“0.0°”,“羽化”设为“350.0”,执行后如图 4-3-35 所示。执行“效果”—“视频效果”—“扭曲”—将镜头扭曲拖拽给地图素材,在“效果控件”中将“镜头扭曲”中“曲率”设为“-39”,执行后如图 4-3-36 所示。将地球素材拖拽到地图素材上方执行“点击地球素材”,在“效果控件”中将“位置”设为“382.0”“347.0”,“缩放”设为“70.0”,执行后如图 4-3-37 所示。将光圈素材拖拽到地球素材上方,执行“点击光圈素材”,在“效果控件”中将“位置”设为“375.0”“352.0”,“缩放”设为“158.0”,“不透明度”设为“80.0%”,“混合模式”设为“滤色”,在素材开头将“旋转”设为“0.0°”,在素材结束设为“50.0°”,执行后如图 4-3-38 所示。

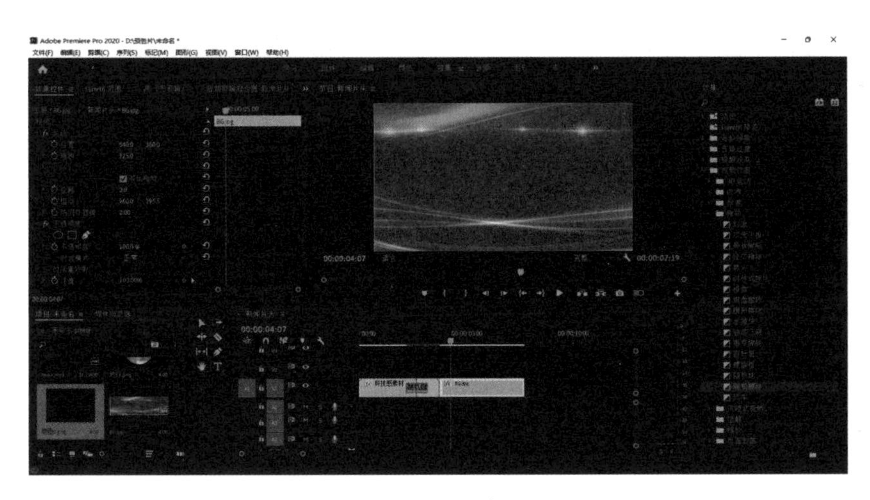

图 4-3-33　设置缩放为 125.0

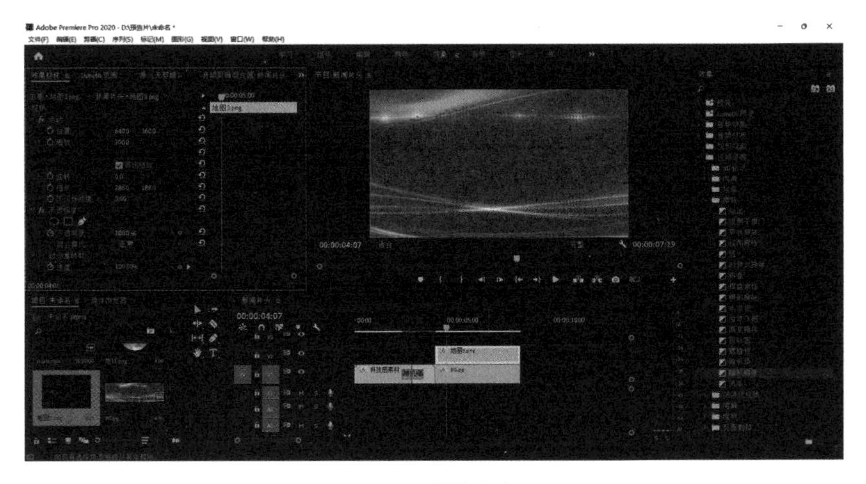

图 4-2-34　设置缩放为 200.0

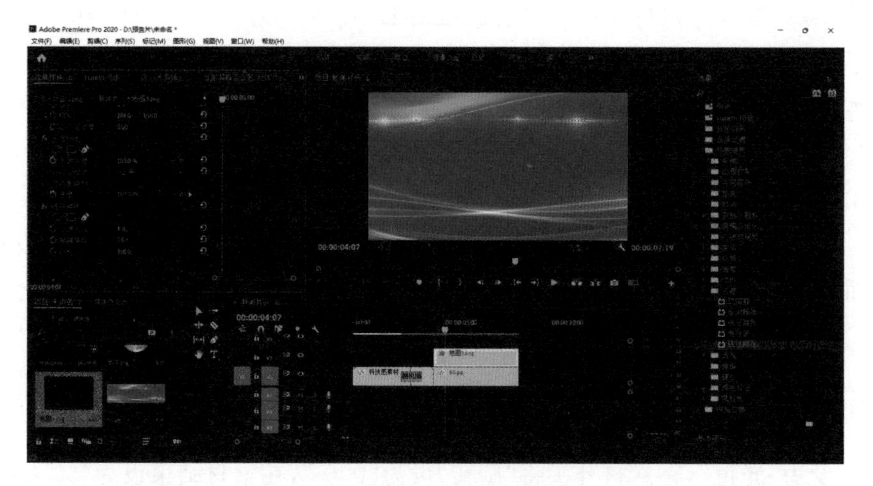

图 4-3-35　设置线性擦除

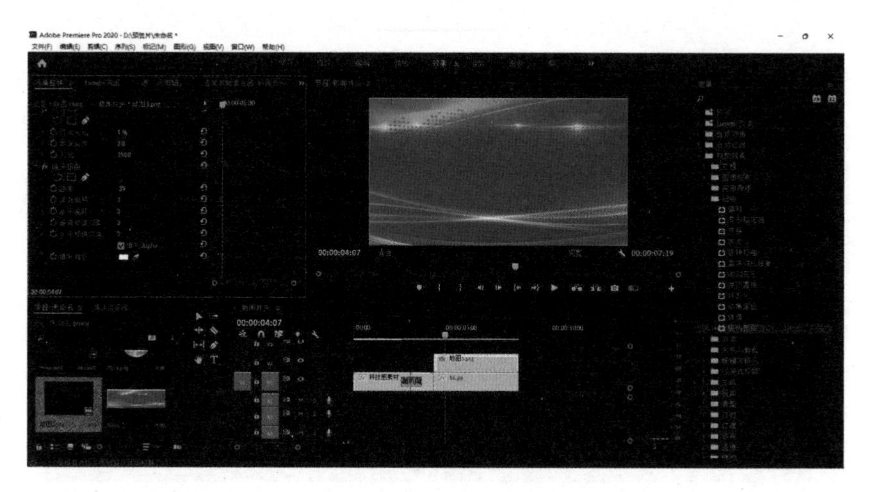

图 4-3-36　设置扭曲

图 4-3-37　设置位置与缩放

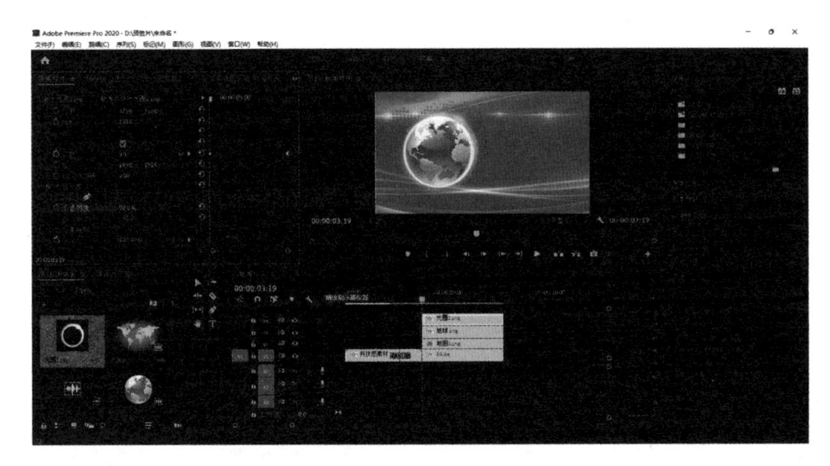

图 4-3-38　设置旋转

执行“文件”—“新建”—“旧版标题”—输入文字“黄海新闻”，将“X 位置”设为“896.8”，“Y 位置”设为“286.6”“宽度”设为“439.8”，“字体样式”设为“华文琥珀”，“字体大小”设为“85.0”，“填充类型”设为“线性渐变”，双击方块即可改变颜色，执行后如图 4-3-39 所示。将字幕拖拽到光圈素材上方，执行“效果”—“视频效果”—“透视”—将斜面 Alpha 效果拖拽给字幕—“效果控件”—“斜面 Alpha”，将“边缘厚度”设为“3.90”，执行后如图 4-3-40 所示。将字幕复制粘贴一份在字幕上方，执行“效果”—“视频效果”—“变换”—将垂直翻转拖拽给复制的字幕，执行后如图 4-3-41 所示，执行“效果”—“视频效果”—“过渡”—将线性擦除拖拽给复制的字幕—“效果控件”—“线性擦除”，将“过渡完成”设为“45%”，“擦除角度”设为“0.0°”，“羽化”设为“107.0”，“位置”设为“300.0”，执行后如图 4-3-42 所示。

在项目面板中，单击右键—新建项目—“黑场视频”—“拖拽到嵌套和字幕之间”—“效果”—“视频效果”—“生成”—“把镜头光晕拖拽给黑场视频”—“效果控件”，将“混合模式”设为“滤色”，“光晕亮度”设为“258%”，在视频开始时将“光晕中心”设为“－1225.7”，黑场视频结束时设为“2349.3”，执行后如图 4-3-43 所示。在项目面板中，单击右键—新建项目—调

图 4-3-39　设置字体参数

整图层—拖拽到第一个素材和第二个素材之上—“效果”—“视频效果”—“过时”—把 RGB 曲线拖拽给调整素材—“效果控件”，将红色曲线上调，绿色曲线下调，执行后如图 4-3-44 所示。将音频素材拖拽到时间轴中，根据视频素材进行调整，如图 4-3-45 所示。

图 4-3-40　设置字体效果

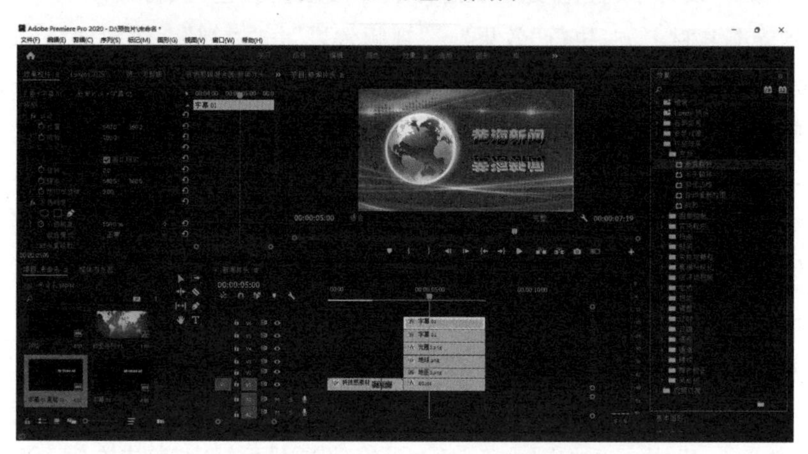

图 4-3-41　垂直旋转字体

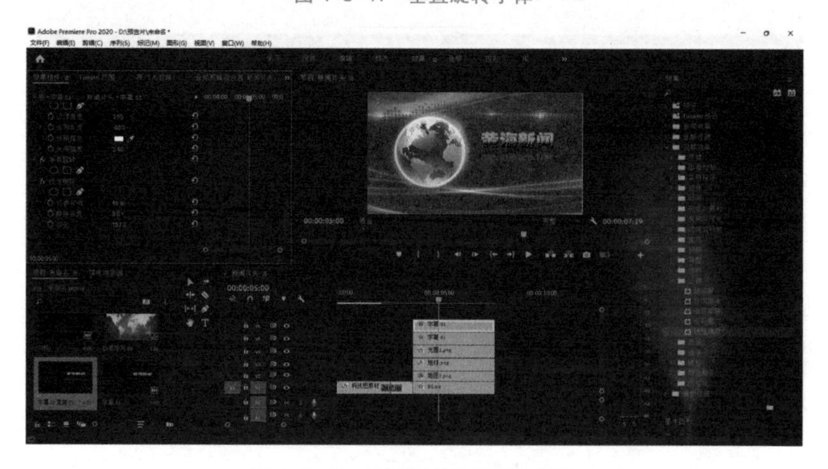

图 4-3-42　调整垂直旋转字体参数

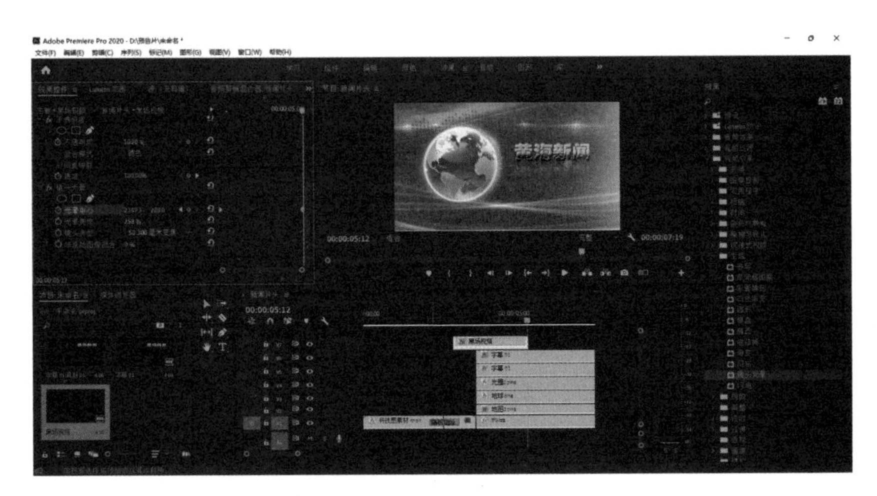

图 4-3-43　调整黑场视频参数

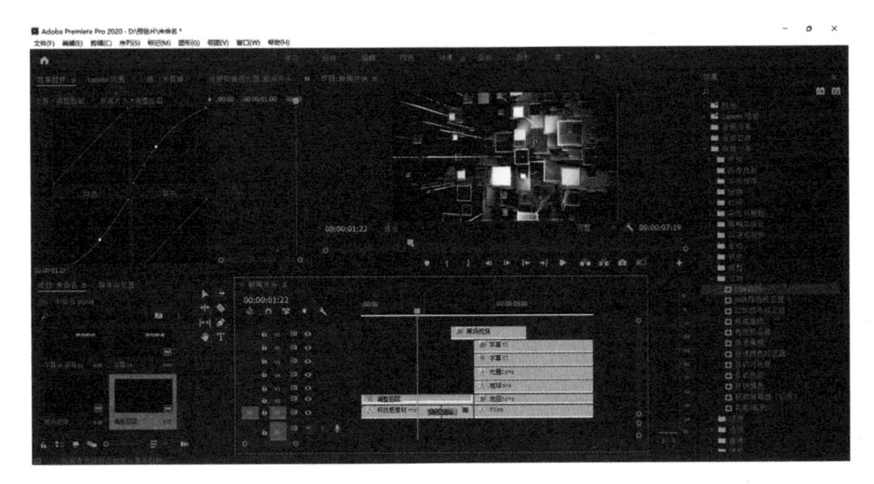

图 4-3-44　拖拽 RGB 曲线调整素材

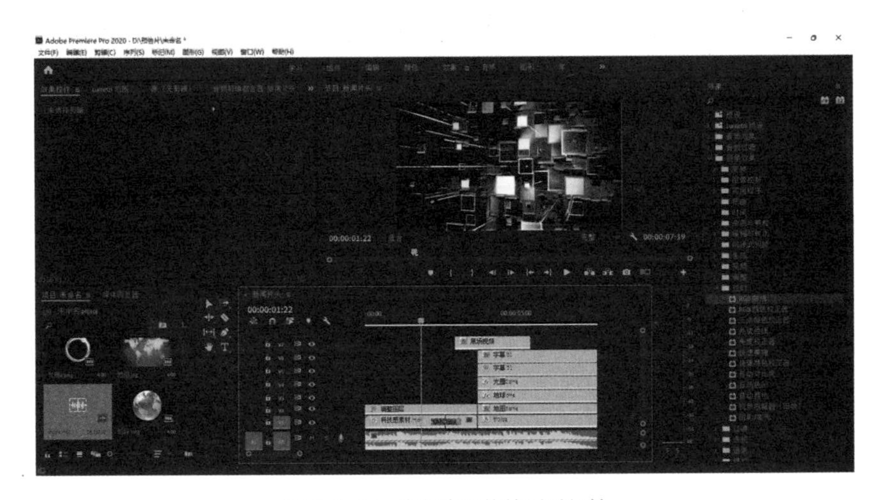

图 4-3-45　音频素材拖拽到时间轴

本章小结

本章通过学习视频特效相关概念，理解掌握 Premiere Pro 视频特效的种类及使用方法。本章介绍了什么是视频特效以及制作视频特效的原则，综合介绍了视频特效中特效的类型及作用，以及综合运用特效知识制作新闻片头案例。

习题

1. 在 Premiere Pro 中，以下关于对素材片段施加转场特效描述不正确的是（　　）。
   A. 欲施加转场特效的素材片段可以是位于两个相邻轨道上、有重叠部分的两个素材片段
   B. 欲施加转场特效的素材片段可以是位于同一个轨道上的两个相邻的素材片段
   C. 只能为两个素材片段施加转场特效
   D. 可以单独为一个素材片段施加转场特效
2. 为影片添加转场特效后，可以改变转场的长度，以下关于改变转场长度描述不正确的是（　　）。
   A. 在时间上选中转场部分，拖动其边缘即可
   B. 可以在“特效控制窗口”中对转场部分进行进一步的调整
   C. 当把一个新的转场特效施加到一个现有的转场部分后，两转场效果将并存，共同影响
   D. 当把一个新的转场特效施加到一个现有的转场部分后，新的转场特效将替换原有的转场方式
3. Premiere Pro 不但提供了“视频过渡”以实现视频间转场，在“视频效果”中还有一组“过渡”效果。关于这两组转场效果，以下各项描述不准确的是（　　）。
   A. 在“过渡”中的特效只可以施加给一个素材片段
   B. 在“视频过渡”中的转场特效只可以施加给位于两个相邻的轨道上、有重叠部分的两个素材片段
   C. 在“过渡”中的特效需要设置关键帧，才能产生过渡的效果
   D. 在“视频过渡”中的转场特效无须设置关键帧

05

第 5 章

带你玩转抠像技巧

第 1 节　画个圈圈隐藏你——蒙版原理

蒙版原理

一、什么是蒙版

蒙版的基本作用在于遮挡，即通过蒙版的遮挡，将目标对象（Premiere Pro 中指视频轨道中的素材）的某一部分隐藏，另一部分显示，以此实现不同视频轨道之间的混合，达到视频合成的目的。打个简单的比喻，蒙版就像是划定了一个范围圈，圈内和圈外分别控制视频的隐藏或显示。

二、蒙版的类型

Premiere Pro 中，蒙版可以分为三类：图层类、通道类、路径类。

1. 图层类蒙版

图层类蒙版就是一个图层。作为蒙版的图层，根据本身的不透明度控制其他图层的显示或隐藏。从广义的角度讲，任何一个图层都可以视为其下所有图层的蒙版，图层的不透明度将直接影响其下层图层的显隐。

图 5-1-1 是一张中间透明、四周不透明的图，并且从中间完全透明到四周不透明部分过渡。如果把它作为上层轨道视频导入 Premiere Pro 软件，那么只有中间透明的部分和透明到不透明的过渡部分会显示下层轨道上的视频。这样两个视频就能叠加在一起。叠加后的视频效果就是上层视频轨道上不透明部分和透过上层视频轨道透明部分显示出来的下层视频轨道上的融合视频（图 5-1-2、图 5-1-3）。

图 5-1-1　图层类蒙版

2. 通道类蒙版

通道的主要功能之一是保存图像的颜色信息。一个 RGB 模式的图像，它的每一个像素的颜色数据是由红（R）、绿（G）、蓝（B）三个通道记录的，而这三个色彩通道合成了一个 RGB 主通道，因此改变 R、G、B 各通道之一的颜色数据，都会马上反映到 RGB 主通道中。而在 CMYK 模式的图像中，颜色数据则分别由青色（C）、洋红（M）、黄色（Y）、黑色（K）四个单独的通道组合成一个 CMYK 的主通道，而这四个通道也就相当于四色印刷中的四色胶片，即 CMYK 图像在彩色输出时可进行分色打印，将 CMYK 四原色的数据分别输出成为青色、洋红色、黄色和黑色四张胶片。在印刷时这四张胶片叠合即可印刷出色彩缤纷的彩色图像。如图 5-1-4 所示，同一张图片，可以拆分成不同颜色的通道。

图 5-1-2　叠加后效果

图 5-1-3　上层和下层图层融合

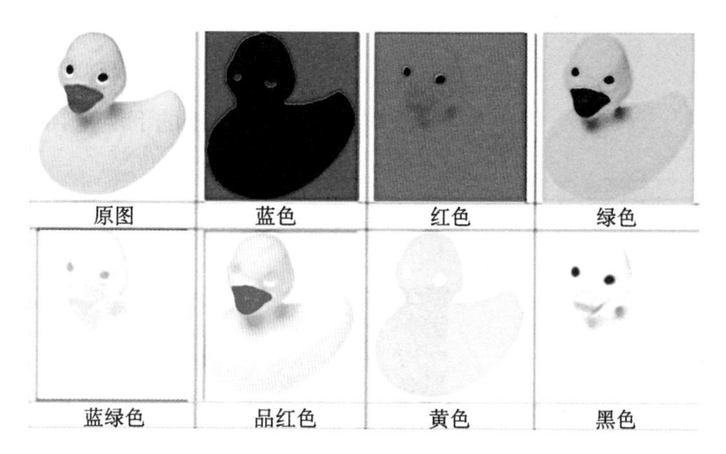

图 5-1-4　拆分成不同颜色通道

此外，一个很重要的通道是 Alpha 通道。Alpha 通道是一个 8 位的灰度通道，用 256 级灰度来记录图像中的透明度信息，定义透明、不透明和半透明区域，其中黑表示全透明，白表示不透明，灰表示半透明。如图 5-1-5 所示，同一个图片，我们可以把它的红、绿、蓝三色通道分别显示成只有黑白灰组成的灰度图的通道模式，并且在 Premiere Pro 上层轨道视频中的每个通道的灰度图都可以单独作为下层视频的蒙版使用。

图 5-1-5　蒙版解析

通道类蒙版简单地说是一个通道，准确地讲，就是通道中的灰度图。这幅灰度图不能独立存在，必须依附于通道载体。需要特别指出的是，无论通道类蒙版的哪种应用，其实都是基于灰度图中的一种关键信息——灰阶。灰阶简单地理解为灰色过渡的阶梯。可以将通道颜色由黑到白划分为百分制的灰度，黑色是100%的灰色，白色是0%的灰色，中间值为过渡灰色。用于遮挡时，上层视频轨道蒙版灰阶值越大，越接近黑色，越透明，这时下层视频轨道图层显现的程度越大；反之，上层视频轨道蒙版灰阶值越低，越接近白色，越不透明，这时下层视频轨道图层显现的程度越小。简单地说就是上层视频通道中黑色的部分代表透明，白色的部分代表不透明，灰色的部分代表半透明。灰色越深，上层轨道视频透明度越高，显示的下层轨道视频越多，上层轨道视频灰色越浅透明度越低，显示出的下层轨道的视频越少。

图5-1-6是一张中间黑色、四周白色，灰色过渡的灰度图。将灰度图导入Premiere Pro的上层视频轨道上：将图片放到上层视频轨道，再给这个视频加一个"亮度键"特效（图5-1-7），我们就看到原本画面中黑色的部分变成透明，透出了下层轨道上的视频，原来四周白色的部分是不透明的，遮挡了下层轨道上的视频。中间过渡的灰色部分，越深的地方上层视频越透明，透出的下层视频越多，越浅的地方上层视频越不透明，透出的下层视频越少（图5-1-8）。

图5-1-6　灰度图

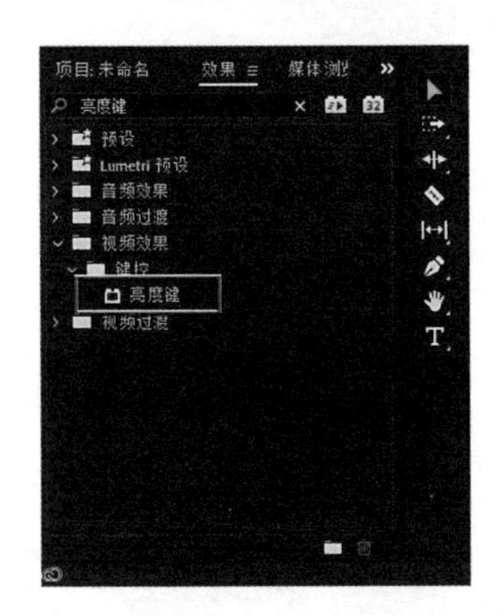

图5-1-7　亮度键

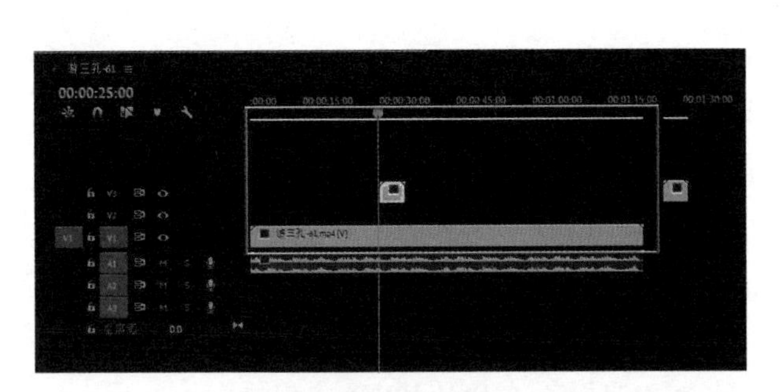

图5-1-8　叠层后效果

3. 路径类蒙版

路径类蒙版实质上是一条闭合路径。路径蒙版是用闭合路径的形状和范围来控制目标图层的显示或隐藏。封闭区域内对应的目标图层将被显示，封闭区域外对应的目标图层将被隐藏。做一个路径类蒙版：在原本视频的透明度上用钢笔工具绘制一条心形的闭合路径，路径内的部分会继续显示（图5-1-9），路径外的部分就隐藏了。简单地说，路径蒙版就是用路径画一

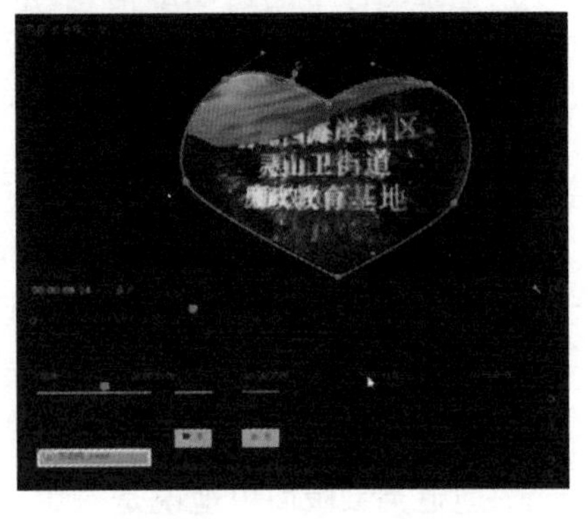

图5-1-9　路径类蒙版

个圈，圈内的部分继续显示，圈外的部分就被隐藏了。

三、各类蒙版的不同编辑方法

（1）对图层类蒙版而言，其编辑的主要对象是图层和像素的不透明度。因此，所有能够改变图层或像素不透明度的操作都可以用来编辑此类蒙版。

（2）对通道类蒙版而言，其编辑的主要对象是通道中的灰度图，准确地讲，是灰度图的灰阶。正因为如此，可以使用编辑图像的所有手段来编辑此类蒙版，包括各类绘画编辑工具、色彩调整命令及各类滤镜等。显而易见，其编辑手段是三类蒙版中最为丰富多样的。

（3）对路径类蒙版而言，其编辑的主要对象是路径，这也就意味着我们可以用任何编辑路径的手段去编辑此类蒙版，如钢笔工具。

第 2 节　好莱坞电影魔术——抠像原理

抠像原理

一、什么是抠像

抠像就是将视频的背景抠除，只保留主体对象，然后和其他视频背景进行视频合成等处理。抠像也被称作键控，这是因为英文版的 Premiere Pro 软件中抠像选项名是“Key”，和“键盘”的英文单词相同，所以早期的 Premiere Pro 版本中把抠像翻译成了键控，一直延续至今。

“键控”一词最早是来自电视制作领域，意思是吸取画面中的某一种颜色作为透明色，画面中所包含的这种透明色将被清除，从而使位于该画面之下的背景画面显现出来，这样就形成两层画面的叠加合成。

单独拍摄的角色经抠像后可以与各种景物叠加，由此形成丰富而神奇的艺术效果。通过抠像技术可以任意更换绿幕或蓝幕拍摄影片的背景，这就是影视作品中经常看到的奇幻背景或惊险镜头的制作方法。在早期的电视制作中，键控技术需要用昂贵的硬件支持，而且对拍摄背景要求很严，通常是在高饱和度的蓝色或绿色背景下拍摄，同时对光线的要求也很严格。现在，各种非线性编辑软件与合成软件都能做键控特效，如 Premiere Pro 和 After Effects 等，并且对背景的颜色要求也不再十分严格。

二、抠像的原理

抠像一般是用蒙版遮罩背景保留主体，然后再把主体和其他背景进行合成。

最常见的抠像是蓝幕或绿幕抠像，因为我们最常抠除背景保留人物，而人的皮肤中绿色和蓝色的含量最少，这样在抠除绿色或蓝色背景的时候就不会影响到主体人物的皮肤。这里要注意两点：①主体人物的服装中不能有和扣除的背景相同的颜色，不然抠像之后衣服也会被抠除；②如果是欧美人作为主体人物，其眼睛虹膜的颜色不能和要抠除的背景颜色相同，如果是蓝眼睛就用绿背景，绿眼睛就用蓝背景。

三、抠像的分类

1. Alpha 调整

对素材运用该效果(图 5-2-1)，可以通过调整上层视频轨道图层“不透明度”属性的数值改变上层视频的透明度(图 5-2-2)，让下层视频通过上层视频透明部分显示，并和上层视频融合。

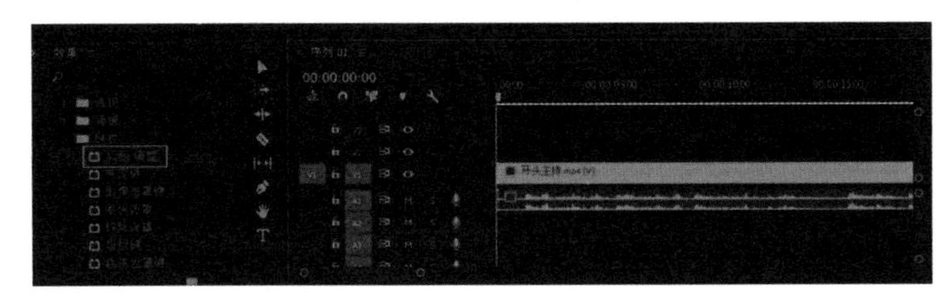

图 5-2-1　Alpha 调整

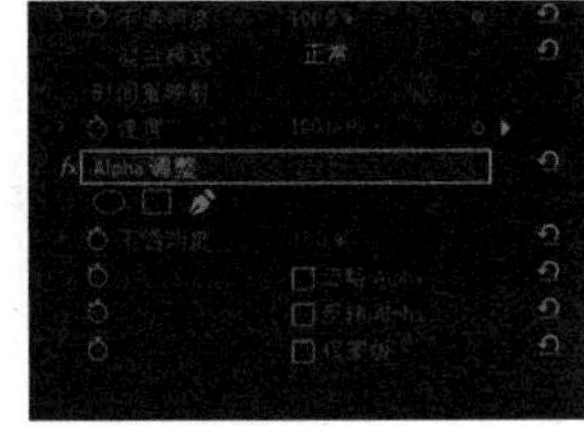

图 5-2-2　改变上层视频透明度

2. 亮度键

该特效(图 5-2-3)分上下两个视频轨道。在上层视频运用时可以把上层视频亮度的灰度图作为 Alpha 通道以控制上层视频的透明度,越亮的地方越接近白色,越不透明,越暗的地方越接近黑色。将上层视频亮度的灰度图设置为透明通道的同时保持上层视频的色度不变,即上层视频不透明的地方依然显示原本的彩色。该特效对上层视频明暗对比强烈的图像十分有用,并作为下层视频的遮罩蒙版(图 5-2-4)。

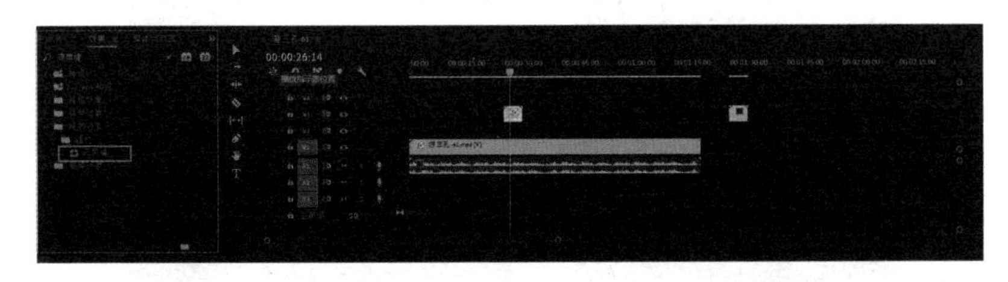

图 5-2-3　亮度键

图 5-2-4　遮罩蒙版

3. 图像遮罩键

该效果将上层视频轨道静止图像素材明亮度的灰度值或 Alpha 通道作为透明通道,显示出下层视频轨道素材图像,将上下两层视频融合在一起。用户可以指定项目中的任何静止图像素材充当遮罩图像。图像遮罩键可根据该遮罩图像的 Alpha 通道或亮度值来确定透明区域。

4. 差值遮罩

差值遮罩(图 5-2-5)主要用于背景不是纯色的情况下,需要拍摄一段有主体人物在背景中的视频(图 5-2-6),再拍摄一段没有主体人物只有背景的视频。注意:无主体人物视频

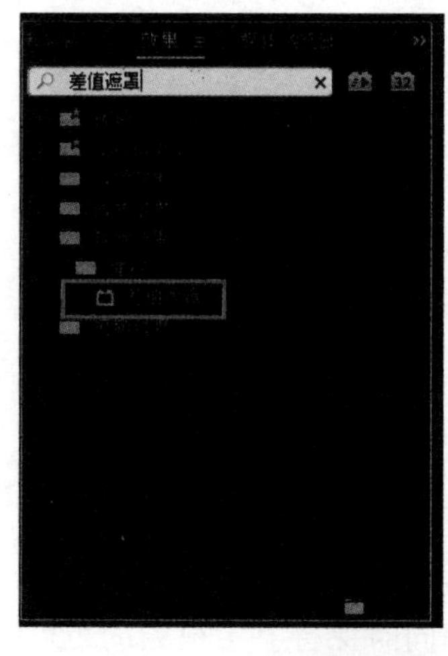

图 5-2-5　差值遮罩

的摄像机角度和远近要与有主体人物的视频保持一致。通过差值遮罩，电脑可以自动计算出背景部分并把背景部分抠除，变成透明。该效果创建透明度的方法是将源素材（即有主体人物的视频）和差值素材（即没有主体人物的空背景视频）进行比较，然后在源素材中抠除与差值素材中的位置和颜色均匹配的像素。

5. 移除遮罩

一般不单独使用，常与轨道遮罩、差值遮罩等其他键控方式相结合。用来调整透明和不透明部分的交界线，扩大或缩小透明区域的范围，移除其他键控效果没有抠除干净的背景部分，所以该方式一般在轨道遮罩或差值遮罩之后使用。

图 5-2-6　主体人物在背景中

6. 超级键

是 Premiere Pro 中最常用的抠像方法（图 5-2-7）。只需吸取上层视频轨道素材的背景颜色，就可以完全抠除任何颜色的纯色背景，将背景变成透明，从而显示下层视频轨道素材（图 5-2-8）。

7. 轨道遮罩键

该效果（图 5-2-9）是通过上层视频轨道素材显示下层视频轨道素材。此过程中使用第三个图像作为遮罩，在上层视频轨道的素材中创建和第三个图像形状相同的透明区域。此效果需要上下两层视频素材和一个遮罩图像。遮罩图像中的白色区域在叠加的素材中不透明，防止底层素材显示出来，遮罩中的黑色区域是透明，灰色区域是半透明。作为遮罩的图像包含运动的遮罩称为移动遮罩或运动遮罩（图 5-2-10）。

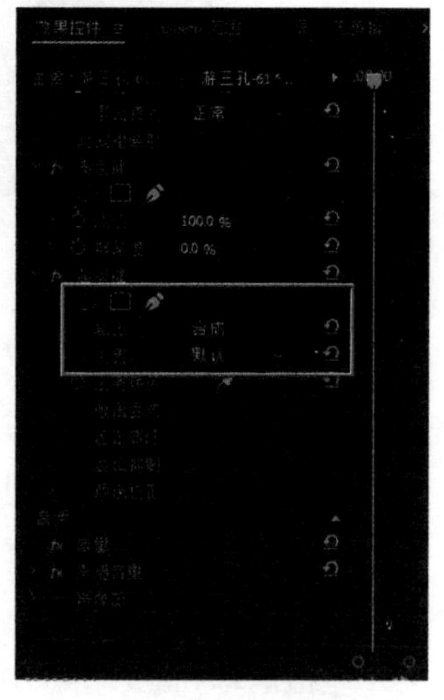
图 5-2-7　超级键

图 5-2-8　显示下层视频轨道素材

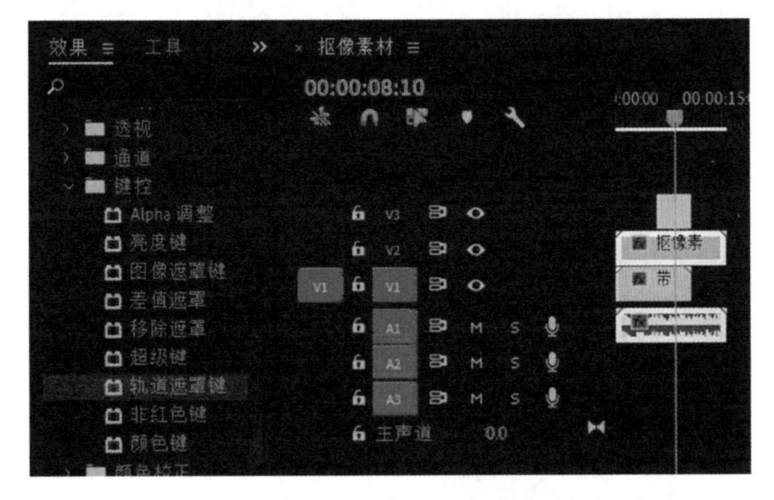

图 5-2-9　轨道遮罩键

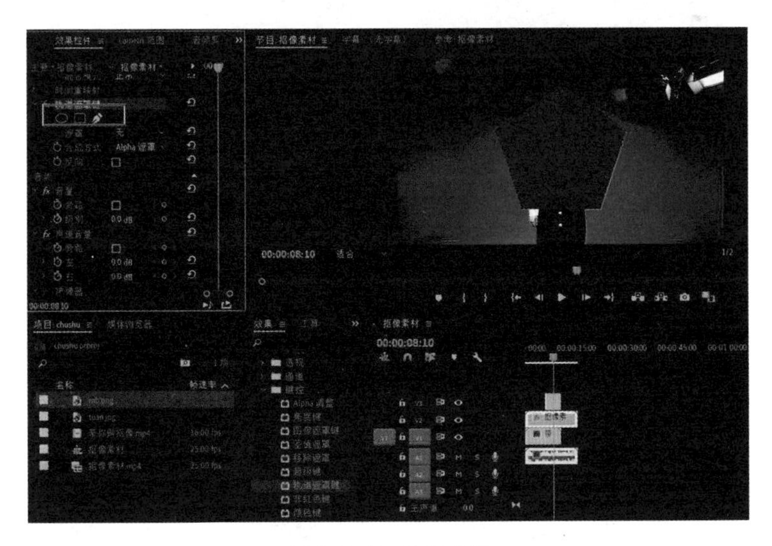

图 5-2-10　移动遮罩

8. 非红色键

非红色键效果(图 5-2-11)基于绿色或蓝色背景创建透明度，此键允许混合两个素材。

给有绿色或蓝色背景的上层视频轨道素材添加非红色键，素材中的背景会自动变成透明，从而透出下层视频轨道上的素材(图 5-2-12、图 5-2-13)。

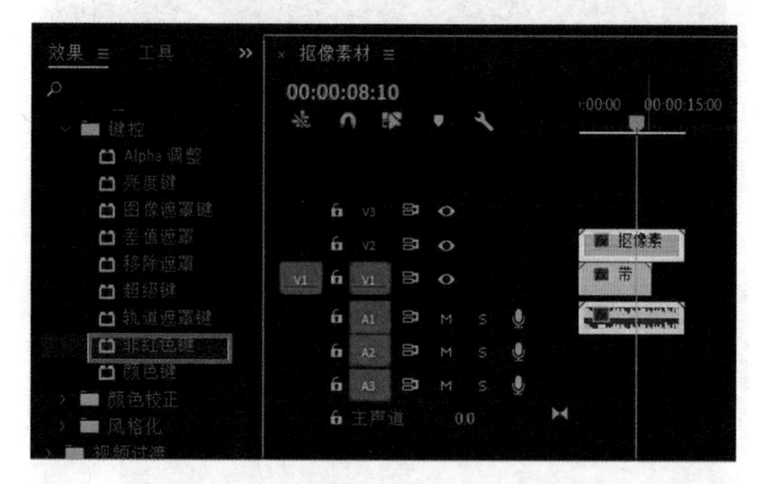

图 5-2-11　非红色键

图 5-2-12　选择蓝色

图 5-2-13　透出下层视频轨道素材

9. 颜色键

该效果(图 5-2-14)用于抠出所有类似于指定主要颜色的图像像素,仅修改素材的 Alpha 通道。在该效果参数设置中,可以通过调整容差级别来控制透明颜色的范围,也可以对透明区域的边缘进行羽化,以便创建透明和不透明区域之间的平滑过渡。单击“主要颜色”选项右方的颜色图标,可以打开“拾色器”对话框,对需要指定的颜色进行设置。例如,我们只用拾色器拾取上层视频轨道中的蓝色,就能自动抠除蓝色背景,显示下层视频轨道的画面(图 5-2-15)。

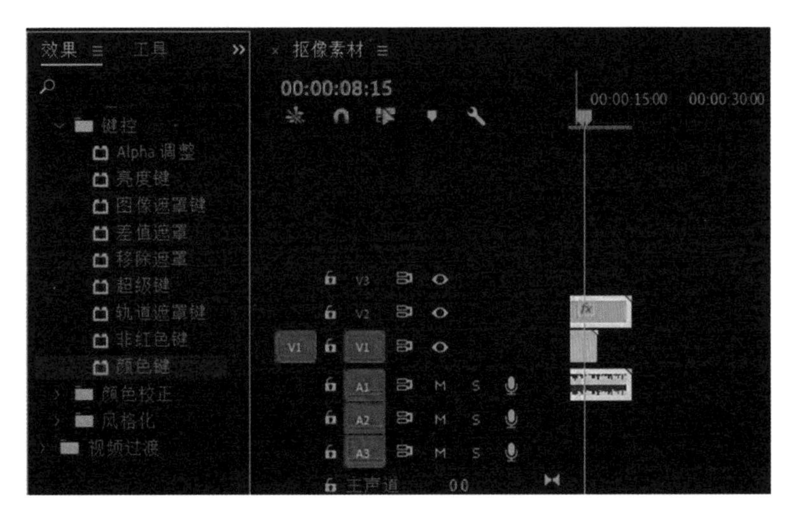

图 5-2-14　颜色键

图 5-2-15　蒙版

第 3 节　来做栏目主持人——栏目包装案例

导入视频素材和背景，把栏目素材放到视频轨道上，将人物和栏目背景的素材放到上层视频轨道，将背景动画素材放入下层视频轨道(图 5-3-1)。

栏目包装案例

图 5-3-1　背景动画素材放下层视频轨道

在窗口中打开“效果”，找到“视频效果”。“视频效果”中找到“键控”，将“超级键”拖放到“抠像素材”(图 5-3-2)，也就是栏目背景的视频，然后选取“超级键”吸取背景中的蓝色。现在大部分的蓝色已经被抠除了(图 5-3-3)。

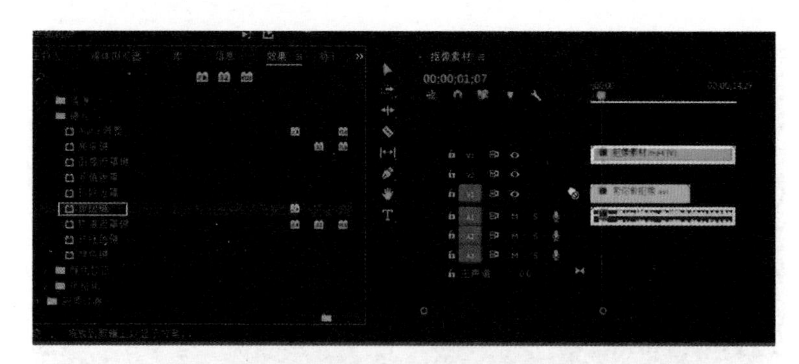

图 5-3-2　超级键

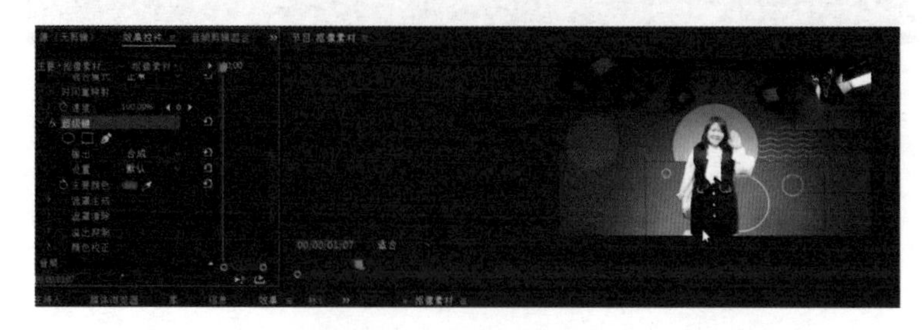

图 5-3-3　抠除大部分颜色

将输出改成 Alpha 通道(图 5-3-4),可以看到还有很多背景部分没有被抠除,所以选择不透明度下的钢笔工具将人物部分单独用钢笔路径圈出(图 5-3-5),然后调整超级键下的属性,打开遮罩生成,把基值拉大,容差拉大,阴影部分拉大。现在就可以看到背景上的白色杂质基本被清除了(图 5-3-6)。

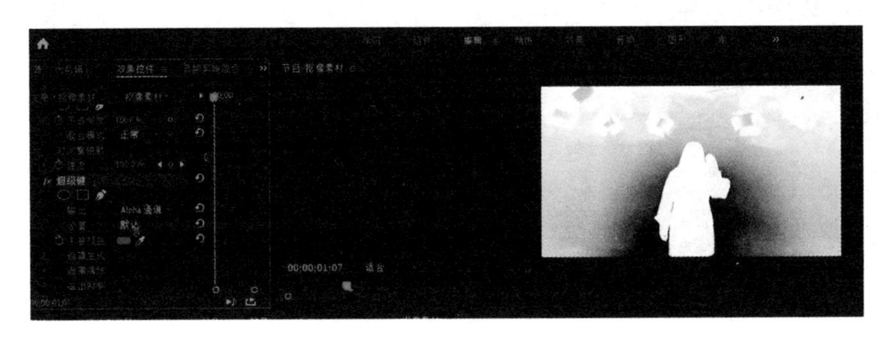

图 5-3-4 输出改成 Alpha 通道

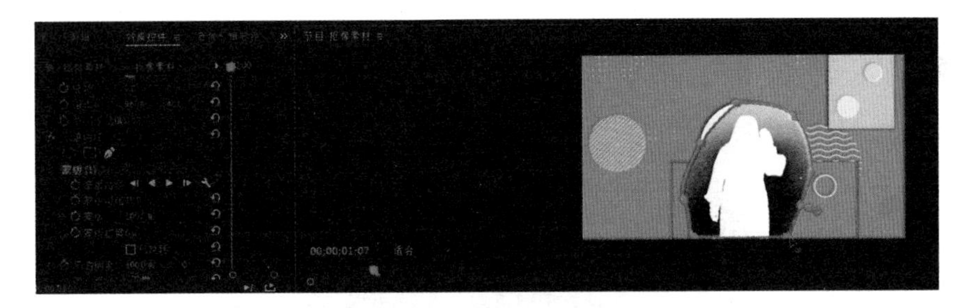

图 5-3-5 使用钢笔工具

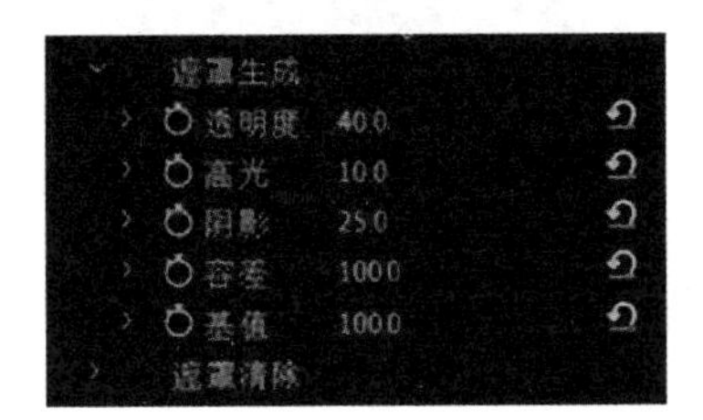

图 5-3-6 基本消除白色杂质

黑色部分代表透明,白色部分代表不透明,将输出改回到合成模式。现在可以看到画面上只剩下了人物(图 5-3-7)。

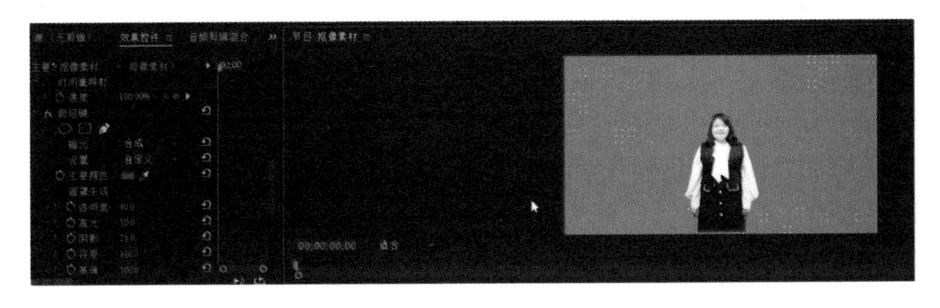

图 5-3-7 只剩人物的画面

如果人物的总时长比背景动画的总时长更长(图 5-3-8),用比率拉伸工具(图 5-3-9)将背景时长拉长到和人物时长相等,就得到一段添加了背景的人物效果(图 5-3-10)。

图 5-3-8　人物的总时长更长

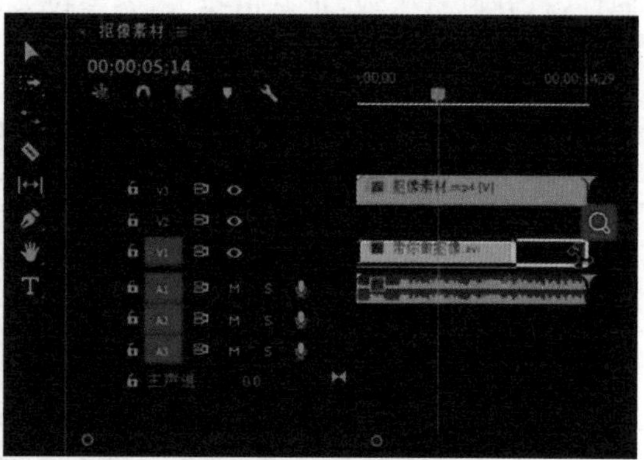
图 5-3-9　比率拉伸工具

图 5-3-10　背景时长与人物时长相等

导入文字底纹(图 5-3-11),这是一段动画。在刚才的画面中用这段底纹添加一段蒙版文字,先用文字工具在画面当中输入“抠像”(图 5-3-12),再调整文字的大小,移动文字的位置;找到键控里的轨道遮罩键(图 5-3-13),将轨道遮罩键拖到底纹动画上,打开效果控件的轨道遮罩键,在遮罩里选择“视频 4”(图 5-3-14),因为文字放在视频轨道四上面,以文字作为下面底纹的蒙版,就得到了这样两个字。

打开效果控件。在效果控件里,让字从透明到不透明再到透明,有过渡部分。打开不透明度命令,在不透明度上打上关键帧,刚开始的时候(0 帧),让不透明度为“0.0%”(图 5-3-15),中间部分让不透明度为“100.0%”(图 5-3-16),往后拖动一下时间轴,然后将不透明度改成“90.0%”,再往右拖动时间轴,将不透明度改成“0.0%”。这样“抠像”两个字就有了从透明到不透明再到透明的效果(图 5-3-17)。

图 5-3-12　输入文字

图 5-3-11　导入文字底纹

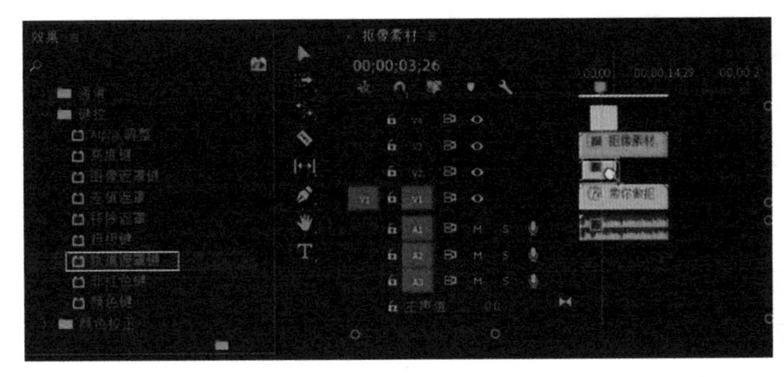

图 5-3-13　轨道遮罩键

图 5-3-14　选择视频

图 5-3-15　设置不透明度

图 5-3-16　中间部分不透明度为“100.0%”

图 5-3-17 最终效果

导入另外一段素材(图 5-3-18)以及边框动画效果(图 5-3-19)。将这两段素材拖放到视频轨道上,将人物讲课的视频放到视频轨道的下层,将边框的视频放到视频轨道的上层。

图 5-3-18 导入另外素材

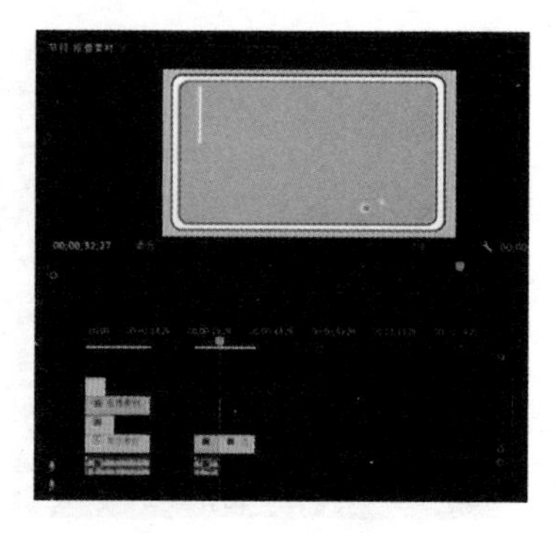
图 5-3-19 边框动画效果

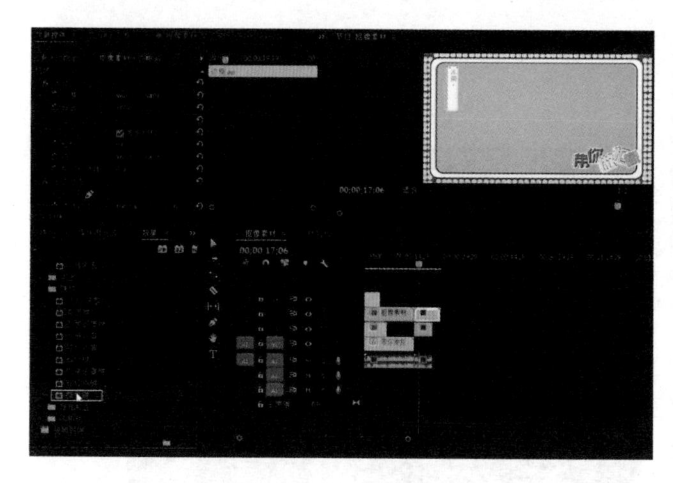
图 5-3-20 颜色键

打开“效果”—“视频效果”,找到键控命令里的“颜色键”(图 5-3-20),我们打开效果控件,选择“颜色键”里的“胶头滴管”(图 5-3-21),吸取绿色(图 5-3-22),然后将“颜色容差”调大,就会发现边框里的绿色部分被抠除干净了(图 5-3-23)。

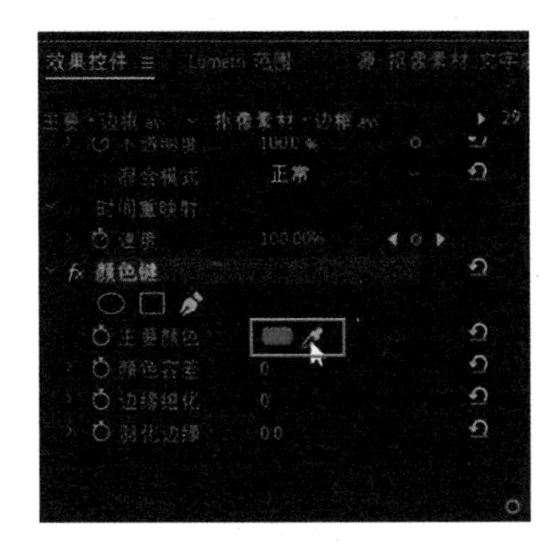

图 5-3-21　胶头滴管

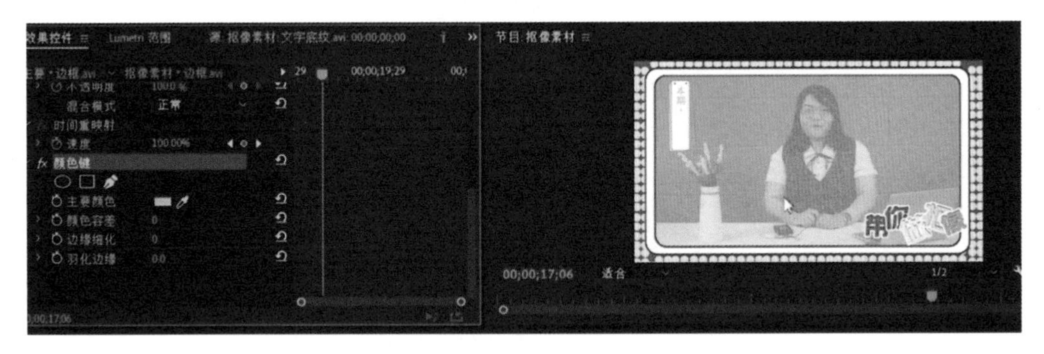

图 5-3-22　吸取绿色

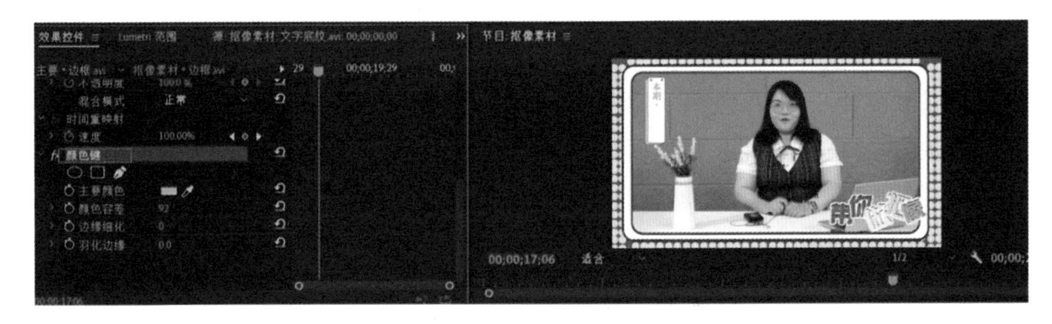

图 5-3-23　调大颜色容差

现在画面基本完成了，如果在两段素材中间加过渡效果。打开“视频过渡”，选择“溶解”，在里面找到所需要的效果即可。

本章小结

本章要求学生掌握抠像的基本原理以及在影视后期制作中抠像的巧妙运用，了解多种抠像的方法，为学生后期的剪辑思路打下扎实的理论基础。通过本章学习，我们了解蒙版和抠像的种类和用途，熟悉各种抠像的特色和使用范围；掌握不同种类抠像案例的制作方法，掌握制作栏目包装案例的具体方法。

习题

1. (　　)图像的每一个像素的颜色数据是由红、绿、蓝三个通道记录。
   A. RGB 模式　　B. CMYK 模式
   C. 灰度模式　　D. 复合模式
2. 颜色数据分别由青色、洋红、黄色、黑色四个单独的通道组合成一个(　　)的主通道，而这四个通道也就相当于四色印刷中的四色胶片。
   A. RGB　　B. CMYK　　C. 矢量　　D. 明度
3. (　　)特效分上下两个视频轨道，对上层视频运用该特效，可以把上层视频的亮度的灰度图作为 Alpha 通道控制上层视频的透明度，越亮的地方越接近白色，越不透明、越暗的地方越接近黑色，越透明。
   A. 亮度键　　B. 图像遮罩键
   C. 轨道遮罩键　　D. 超级键
4. 给有绿色或蓝色背景的上层视频轨道素材添加(　　)，素材中的背景会自动变成透明，透出下层视频轨道上的素材。
   A. 亮度键　　B. 图像遮罩键
   C. 轨道遮罩键　　D. 非红色键
5. (　　)工具可以用来绘制闭合路径。
   A. 剃刀　　B. 文字　　C. 钢笔　　D. 吸管

06

第 6 章

带你玩转字幕效果

第1节　字幕详解

大家平常看的视频、电影、电视节目都有不同形式体现的字幕，特别是我国，不管是电视剧、电影还是短视频都有添加字幕的习惯，久而久之，可能就忽视了字幕的作用。其实，视频如果少了字幕，观看效果会大打折扣。

字幕详解

一、字幕可以增强普通观众的理解力和记忆力

早在 20 世纪初，无声电影就开始添加字幕，当时叫作字幕卡。字幕卡起到引领剧情发展，介绍剧情场景的作用。如今虽然都是有声视频，但字幕的作用并没有完全消失。在观看电影的过程中，不管是国内电影还是国外电影，观众的目光会习惯性地落在屏幕下方的字幕上(图 6-1-1)。

图 6-1-1　字幕显示

二、字幕可以帮助听力障碍人士观看视频

据世界卫生组织于 2021 年 3 月 3 日发布的全球首份《世界听力报告》，目前全球有 15 亿人听力缺损。这些人群都是潜在获益的目标受众(图 6-1-2)。

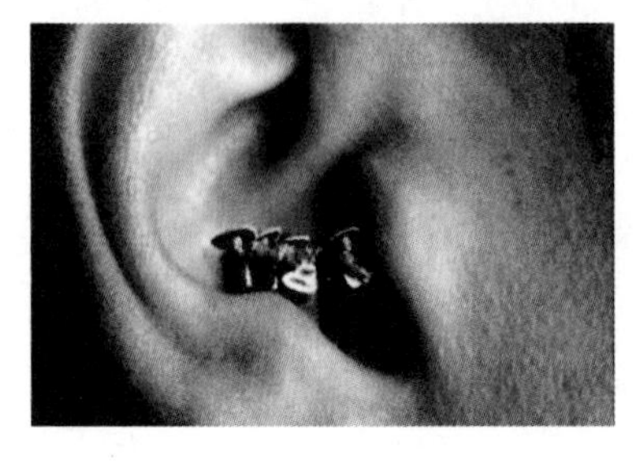

图 6-1-2　目标受众

三、字幕可以使观看视频更加自由

不管是在嘈杂的地铁、火车站，还是安静的图书馆，完全可以关掉视频的声音，通过字幕欣赏视频内容(图 6-1-3)。

图 6-1-3　字幕欣赏

四、字幕可以吸引外国受众

如果想把视频推销到国外，相比于重新制作视频配音，把字幕翻译成当地的语言会容易得多(图 6-1-4)。

图 6-1-4　字幕翻译

五、文字的信息传递作用

在电影片头有片名，还会介绍导演、演员。在电影中会有文字传递时间、地点、人物的信息。在电影结尾会有滚动字幕介绍电影制作团队的人员。这些都是使用文字的信息传递作用(图 6-1-5)。

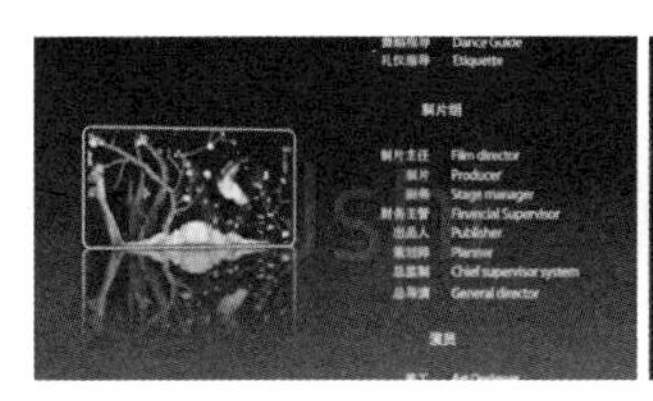

图 6-1-5　文字的信息传递

第 2 节　旧版字幕功能

一、传统旧版标题系统操作

旧版字幕功能

点击“文件”—“新建”(图 6-2-1),有两个字幕标题系统,分别是“字幕”和“旧版标题”。“字幕”指 2017 版本之后的新版字幕,而“旧版标题”就是 2017 版本之前的传统文字字幕。

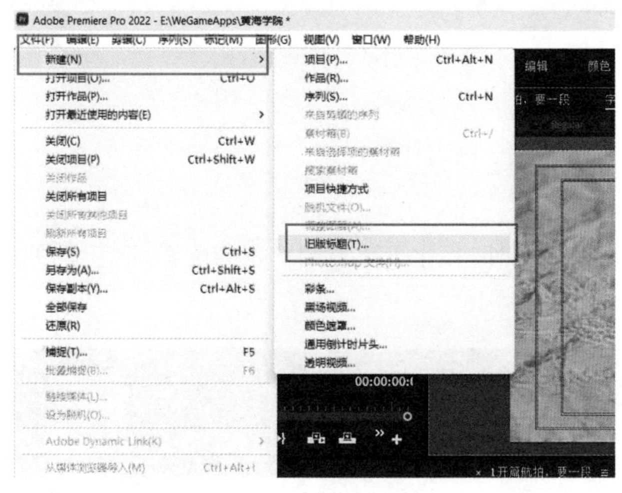

图 6-2-1　新建列表

点击“旧版标题”—“确定”,会在“素材区”新建一个素材,即文字的素材(图 6-2-2)。双击进入文字素材,展现的是视频中的第一帧画面,图片显示可以帮助定位文字的位置。

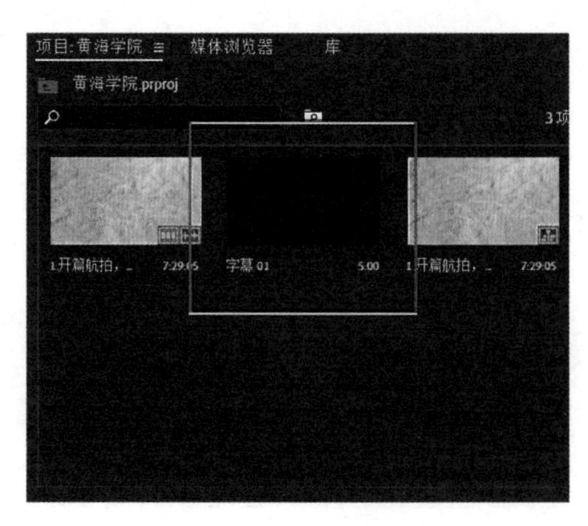

图 6-2-2　文字素材

二、基本文字绘制

（1）显示背景视频：可以对图片进行隐藏（图 6-2-3）。

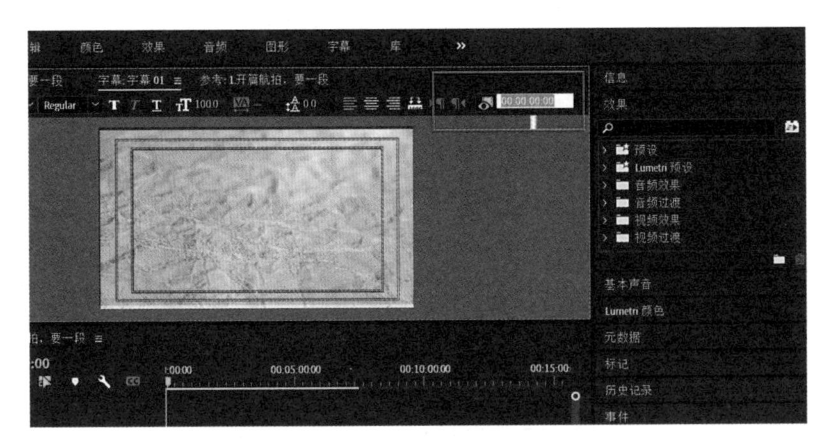

图 6-2-3　图片隐藏

（2）文字工具：在场景内的任意位置单击鼠标左键，会创建一个移动闪烁的光标（图 6-2-4），可以在当前位置进行文字输入。打开“字体”设置，可以选择不同的字体（图 6-2-5），“大小”设置可以设置文字大小（图 6-2-6）。

（3）垂直文字工具（图 6-2-7）：将会以垂直方式进行文字输入（图 6-2-8）。

（4）区域文字工具（图 6-2-9）：可以在场景内绘制一个矩形区域框，输入的文字就会创建在绘制的输入框内（图 6-2-10）。

图 6-2-4　闪烁光标

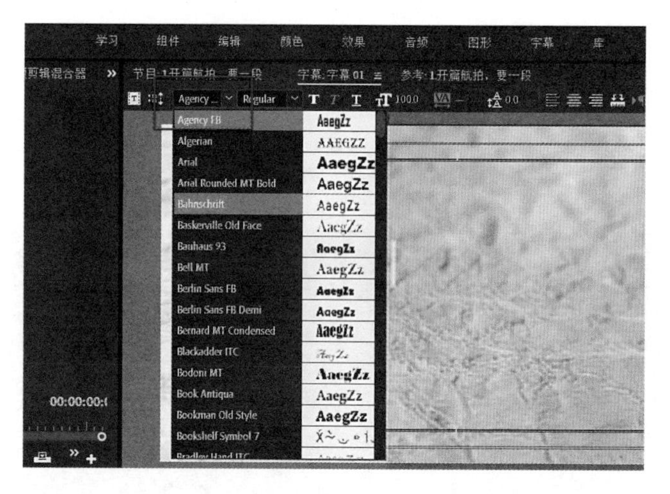
图 6-2-5　选择字体

图 6-2-6　设置文字大小

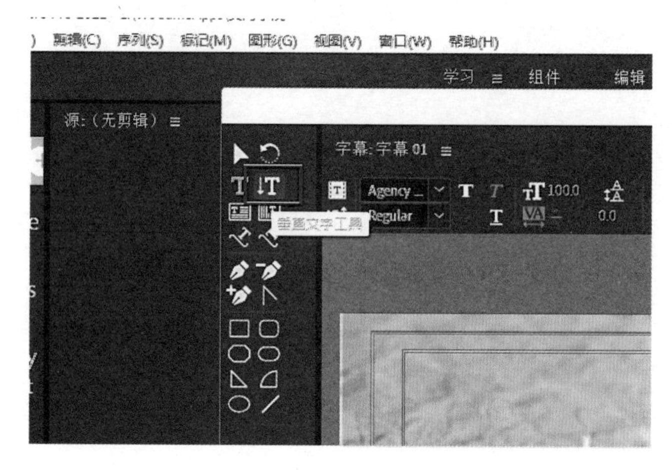
图 6-2-7　垂直文字工具

图 6-2-8　垂直输入文字

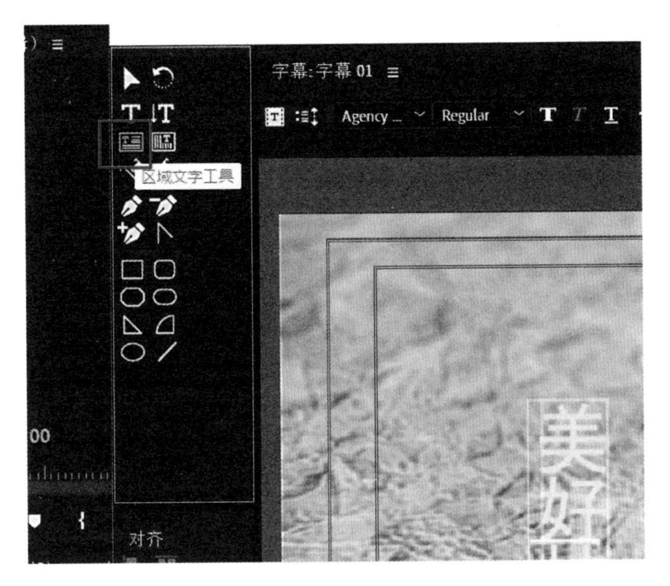

图 6-2-9　区域文字工具

图 6-2-10　矩形区域框

(5) 路径文字工具(图 6-2-11):文字按照一条路径显示。通过鼠标左键绘制一条曲线路径,完成绘制后便可以在这条路径上进行文字输入(图 6-2-12)。

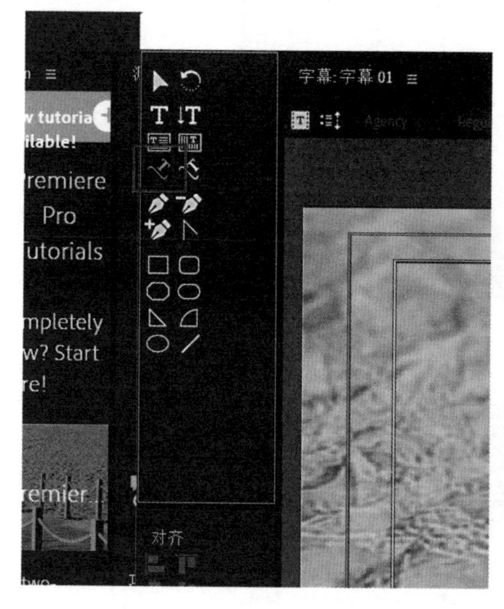

图 6-2-11 路径文字工具

图 6-2-12 路径显示

(6) 垂直路径文字工具(图 6-2-13):绘制直线而非曲线(图 6-2-14)。

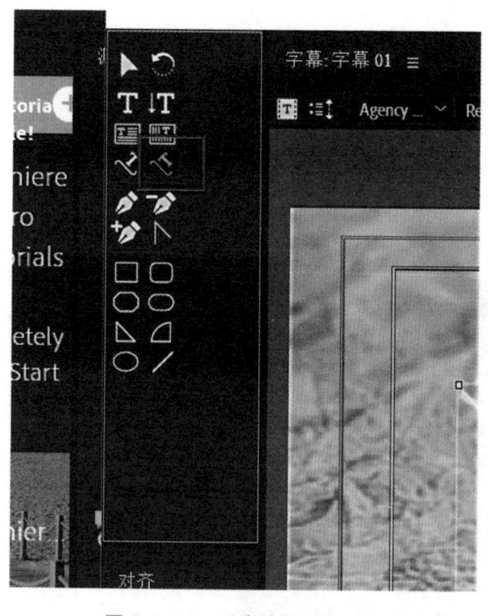

图 6-2-13 垂直路径文字工具

图 6-2-14 绘制直线

(7) 矩形工具(图 6-2-15):在场景内绘制矩形的颜色色块(图 6-2-16),可以更改色块颜色(图 6-2-17),也可以在颜色色块内输入文字(图 6-2-18)。

图 6-2-15　矩形工具

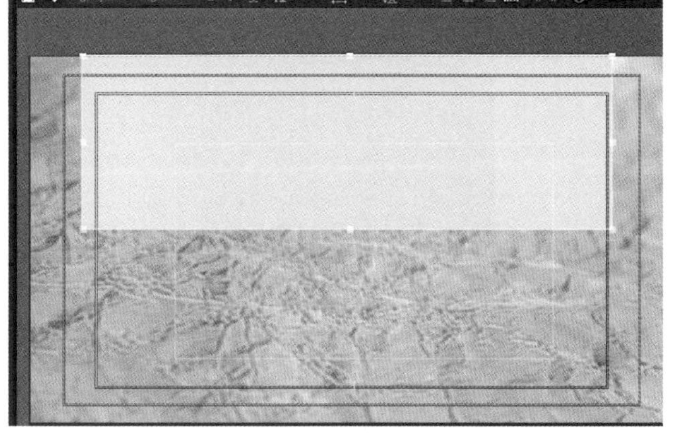

图 6-2-16　绘制矩形工具

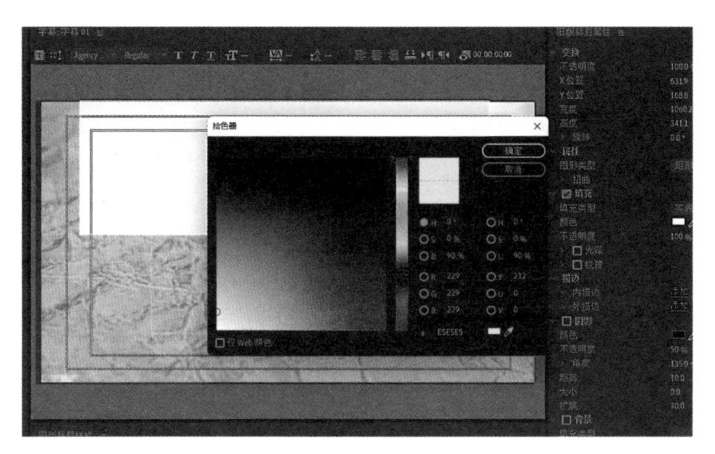

图 6-2-17　色块颜色更改

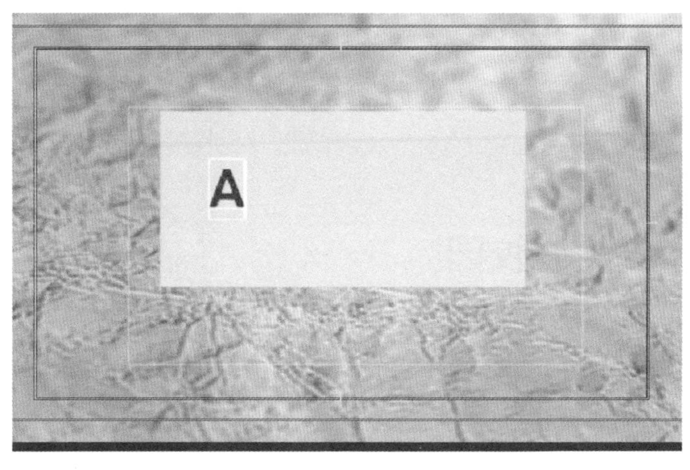

图 6-2-18　文字输入

(8) 中心对齐命令(图 6-2-19):选中某一段文字素材后,可以以“中心”的方式对该文字素材进行“上下”“左右”对齐。

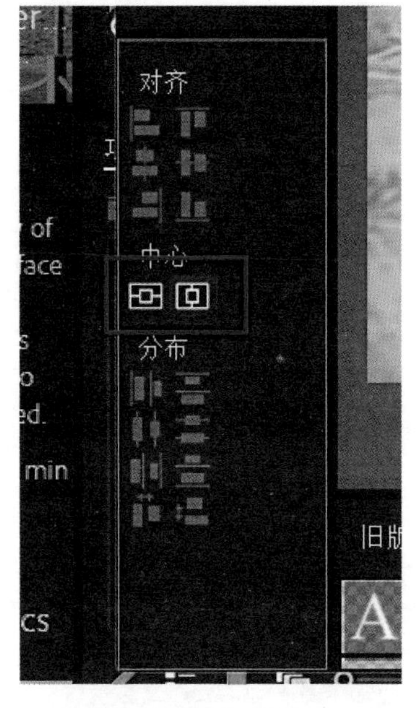

图 6-2-19　中心对齐命令

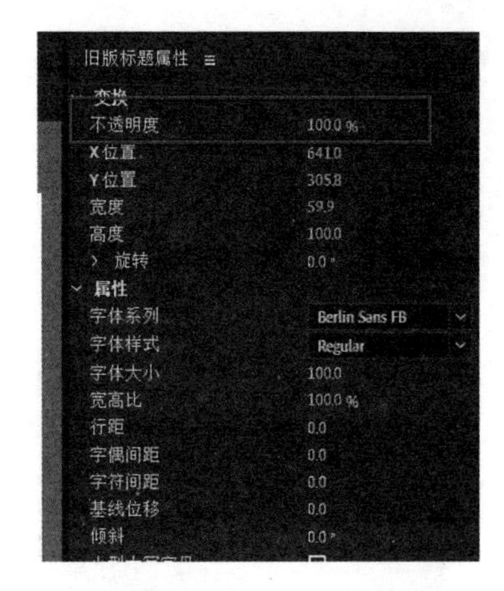

图 6-2-20　不透明度

三、文字属性

(1) 不透明度(图 6-2-20):默认数值为“100.0%”,表示当前文字为全部显示,可以更改数值,降低文字的不透明度。

(2) X 位置、Y 位置、宽度、高度(图 6-2-21):改变文字的位置和字间距。

图 6-2-21　文字位置

(3) 旋转(图 6-2-22):对字体进行中心旋转。

图 6-2-22　中心旋转

四、效果属性

吸管工具(图 6-2-23):可以吸取背景图片中的某一像素颜色。

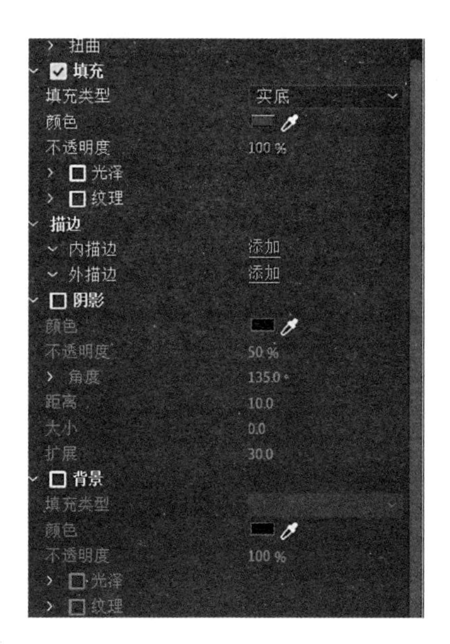

图 6-2-23　吸管工具

第3节　滚动字幕与弹幕效果

一、制作滚动字幕

滚动字幕与弹幕效果

（1）新建字幕：点击“文件”—“新建”—“旧版标题”—“文字”（图6-3-1），输入相应文字，选择合适的字体（图6-3-2）。将文字以“字幕”的方式放在视频结尾处（图6-3-3）。

（2）滚动字幕：“旧版标题”—“字幕”—“滚动/游动选项”（图6-3-4）。选择“字幕类型”中的“滚动”命令，选中“开始于屏幕外”“结束于屏幕外”（图6-3-5），点击“确定”。

二、游动字幕添加弹幕效果

（1）点击“文件”—“新建”—“旧版标题”—“文字工具”，为场景添加一段文字（图6-3-6）。点击“滚动/游动选项”—“向左游动”—“开始于屏幕外”—“结束于屏幕外”，点击“确定”（图6-3-7）。

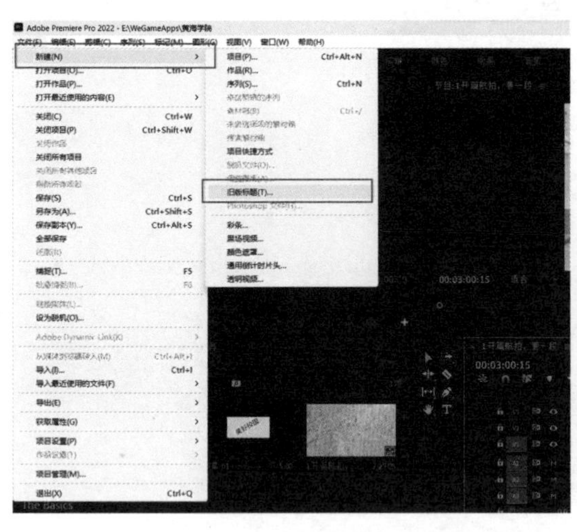

图6-3-1　新建字幕

图6-3-2　选择字体

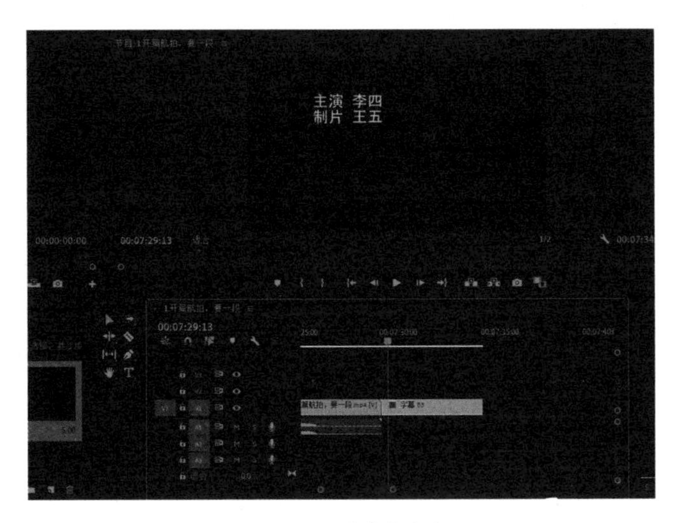

图 6-3-3　字幕的方式

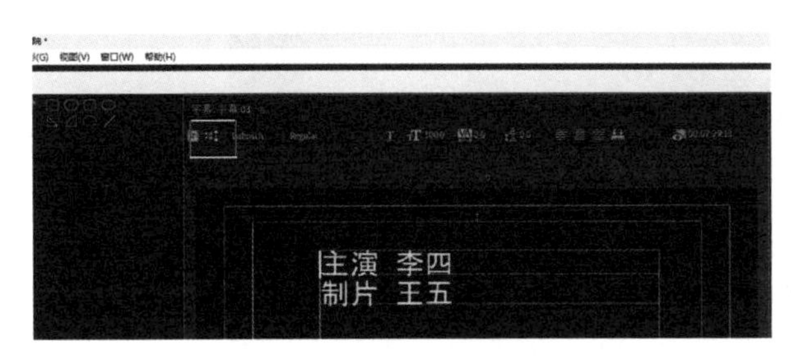

图 6-3-4　滚动/游动选项

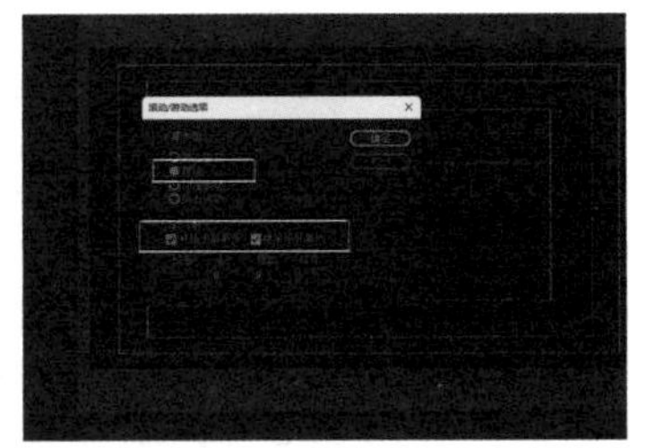

图 6-3-5　字幕类型

图 6-3-6　添加文字

图 6-3-7　确定"滚动、游动选项"

(2) 将创建的游动素材拖拽到视频区域(图 6-3-8)，加入的文字便以游动的方式从右向左做出了弹幕效果。更改字体样式，改变字体颜色及大小(图 6-3-9)，继续添加多条弹幕效果(图 6-3-10)，弹幕效果便制作完成。

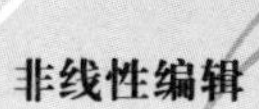

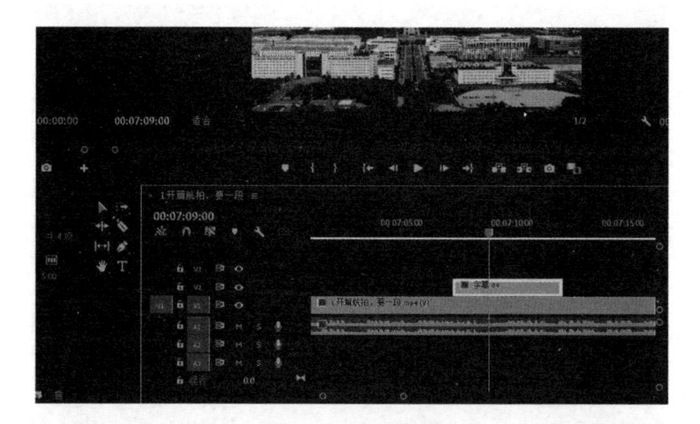

图 6-3-8　拖拽素材

图 6-3-9　弹幕效果

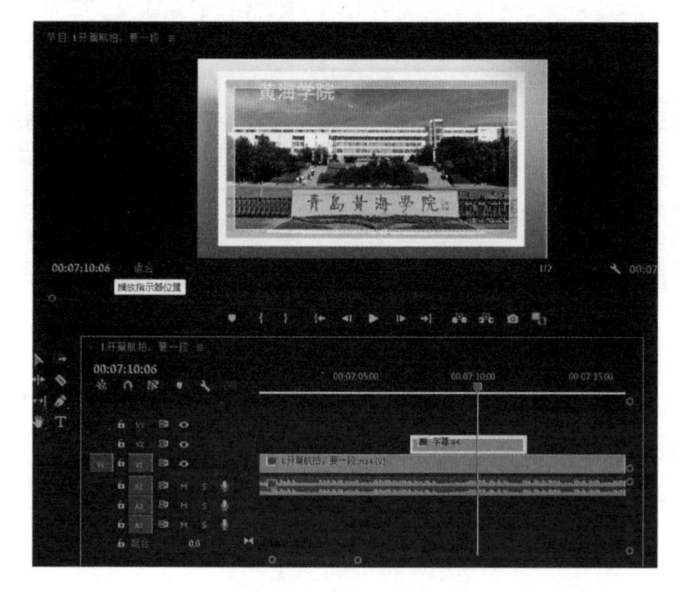

图 6-3-10　添加多条弹幕效果

第 4 节　新版字幕功能

新版字幕功能

一、新版字幕系统

（1）在界面中找到文字工具(图 6-4-1)。使用文字工具后，在图像的任意位置单击鼠标，则在当前视频的位置上出现红色的方形边框，可以在边框内进行文字输入(图 6-4-2)。

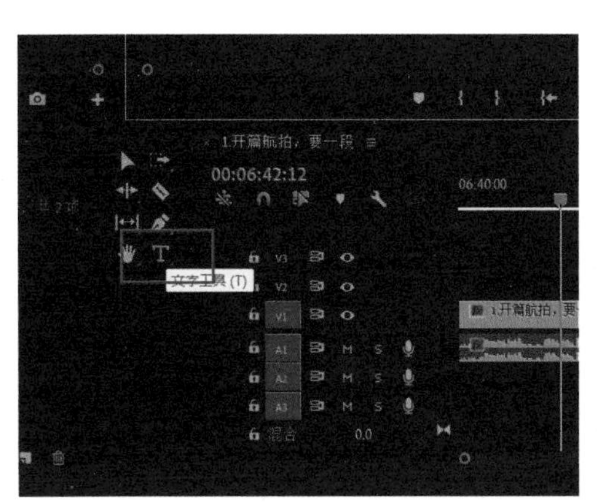

图 6-4-1　文字工具

图 6-4-2　文字输入

（2）使用选择工具(图 6-4-3)。对当前素材进行位置的移动或缩放及旋转。

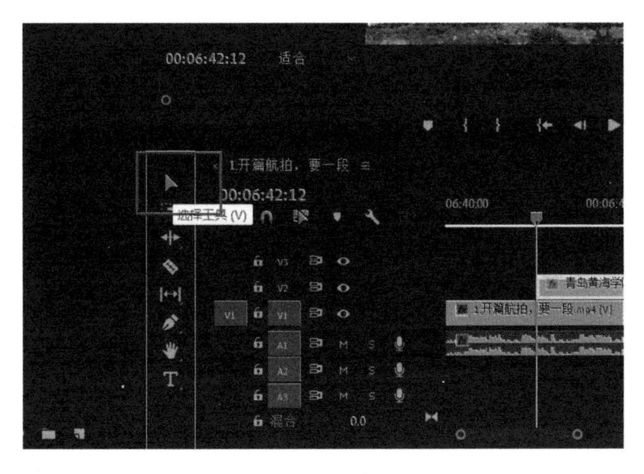

图 6-4-3　使用选择工具

（3）点击“图形”(图 6-4-4)。进入图形编辑模式。

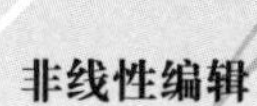

图 6-4-4　图形编辑

(4) 选择“基本图形”—“新建文本”(图 6-4-5)。创建新的图层，即“新建文本图层”，双击图层，进行文本输入(图 6-4-6)。

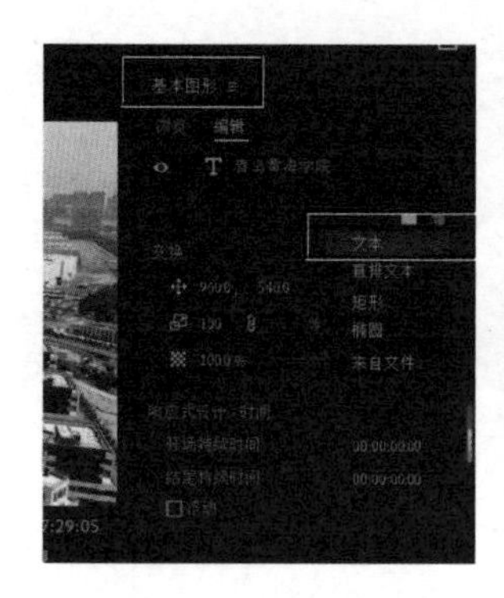

图 6-4-5　新建文本

图 6-4-6　文本输入

(5) 对齐并变换命令。对图层的基本位置做出一定的调整。

(6) 旧版文字系统会在素材区新建一个文本素材，而新版文字系统创建后会直接出现在序列帧上(图 6-4-7)。

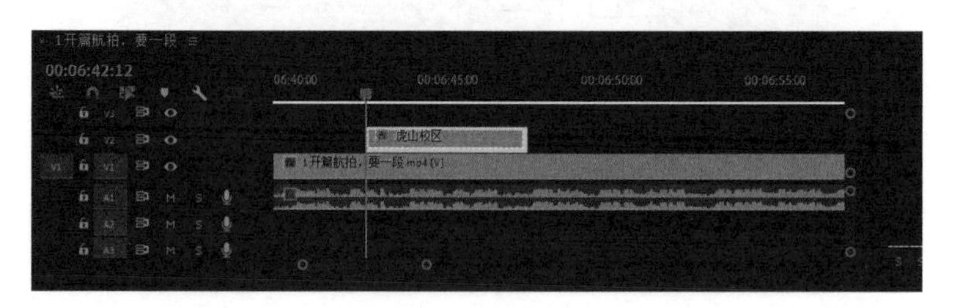

图 6-4-7　序列帧

(7) 文字的“效果控件”中包含文字编辑比较常用的命令(图 6-4-8)。

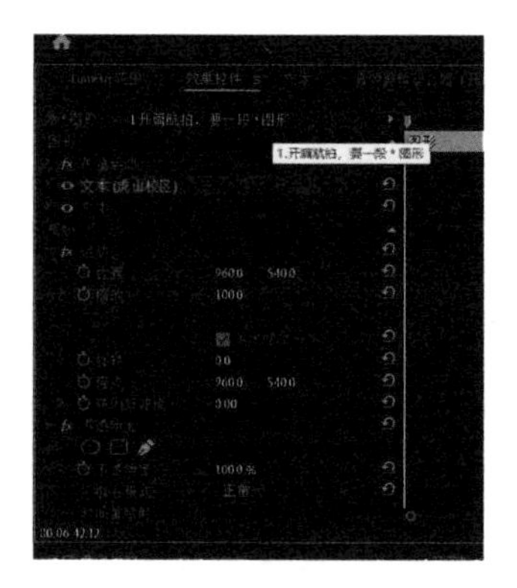

图 6-4-8　常用命令

二、制作文字半透明的动画效果

(1) 将编辑好的文字用鼠标拖拽到右下角(图 6-4-9)。

图 6-4-9　拖拽位置

(2) 更改字体颜色为黑色(图 6-4-10)。

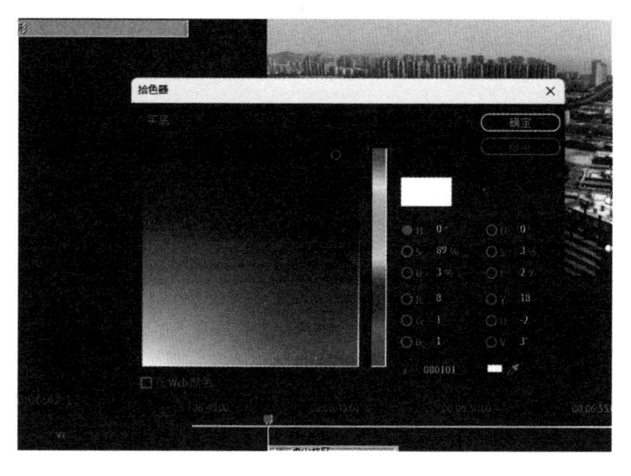

图 6-4-10　更改字体颜色

(3) 点击“不透明度”,在文字序列最开始部分添加关键帧,不透明度为“0.0%”(图 6-4-11),在序列中间部分添加一个关键帧,不透明度为“100.0%”(图 6-4-12)。效果为视频中文字从无到有,逐渐显现。

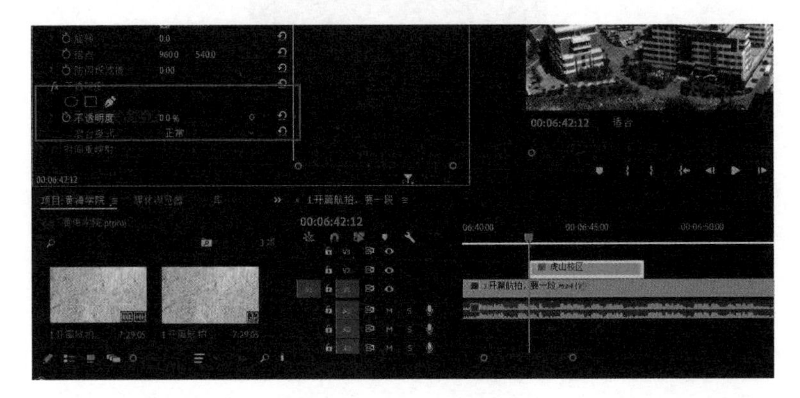

图 6-4-11　添加关键帧

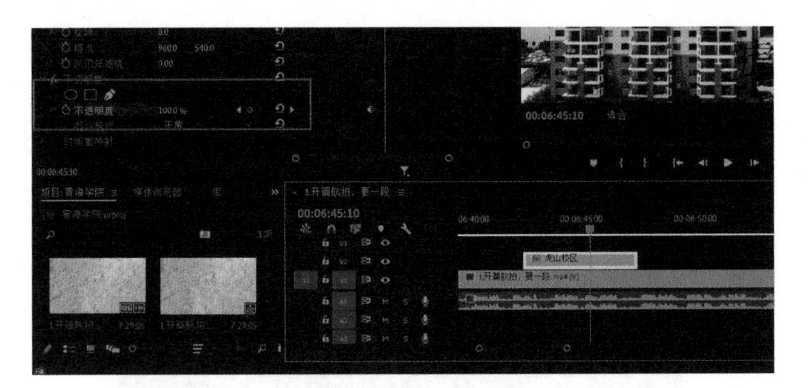

图 6-4-12　第二个关键帧

第 5 节　批量制作字幕

批量制作字幕

一、Arctime

Arctime 是一款简单高效并可以跨平台使用的字幕制作软件(图 6-5-1),可以支持市面上常见的剪辑软件进行操作。Arctime 可以在官网上下载(图 6-5-2),文件解压后可直接使用。

图 6-5-1　Arctime 图标

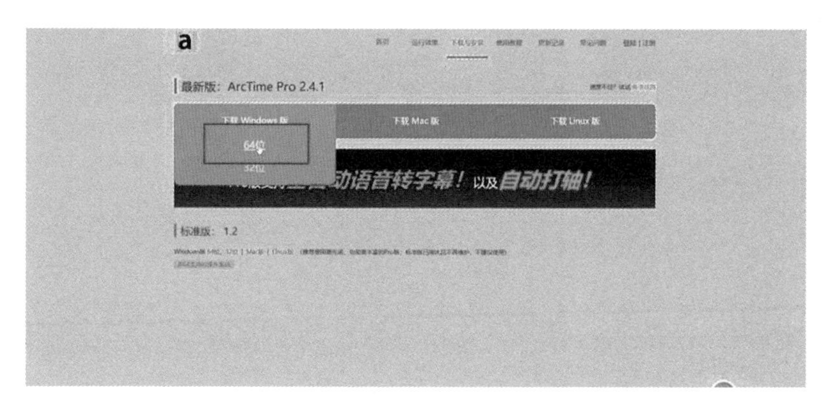

图 6-5-2　直接下载

二、添加字幕

(1) 打开“Arctime”(图 6-5-3)。打开后会显示素材区(图 6-5-4)、字幕编辑区(图 6-5-5)。

(2) 点击“文件”—“导入音视频文件”(图 6-5-6),导入素材。

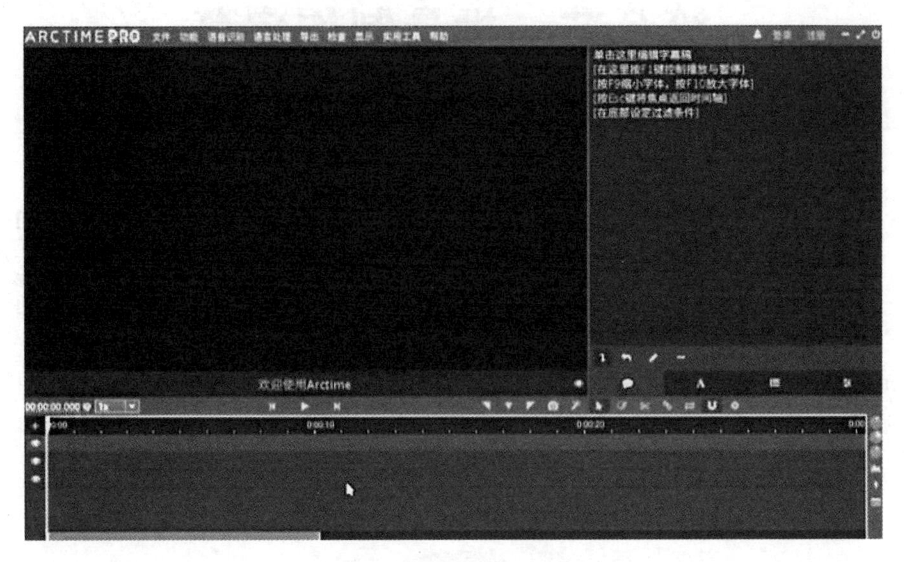

图 6-5-3　打开 Arctime

图 6-5-4　素材区

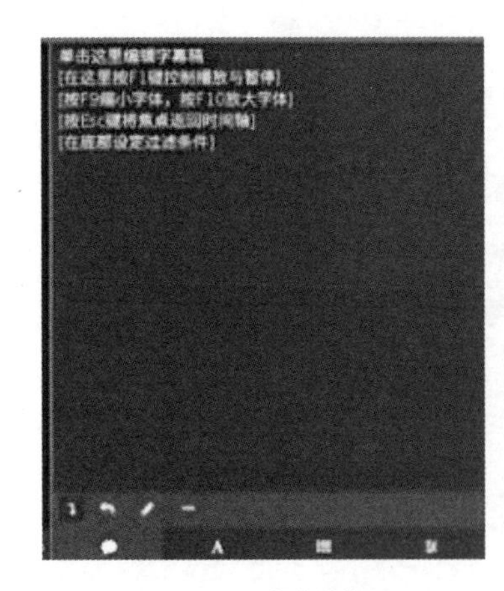

图 6-5-5　字幕编辑区

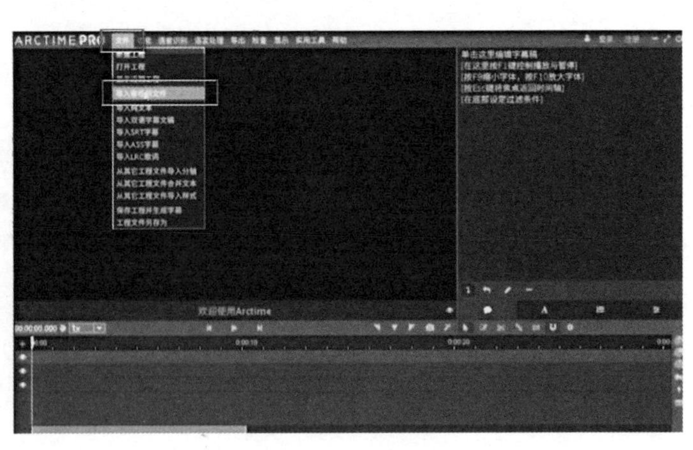

图 6-5-6　导入素材

导入文字的两种方法：点击“文件”—“导入纯文本”(图 6-5-7)，可以从路径中找到提前准备好的记事本的文本文档(图 6-5-8)，点击“打开”，文字便被显示出来(图 6-5-9)，点击“继续”，文字便出现在“文字区”；将写在 Word 或记事本中的文字复制粘贴到“文字区”。导入“文字区”的文字没有标点符号。

图 6-5-7　导入文字

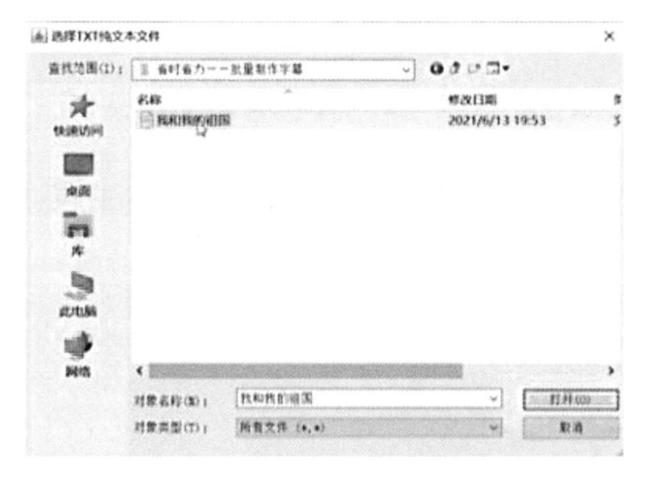

图 6-5-8　文本文档

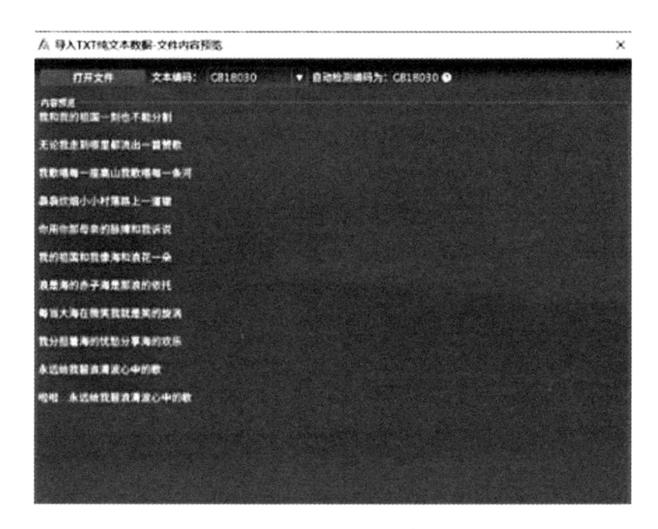

图 6-5-9　显示文字

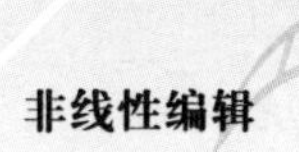

(3) 在音轨中找到第一句的区间，点击“快速拖拽创建工具”(图 6-5-10)，在音轨中进行框选(图 6-5-11)，完成后会在音轨上面看到一个字幕条(图 6-5-12)，第一段的歌词便匹配完成(图 6-5-13)，之后用同样的方法添加字幕。

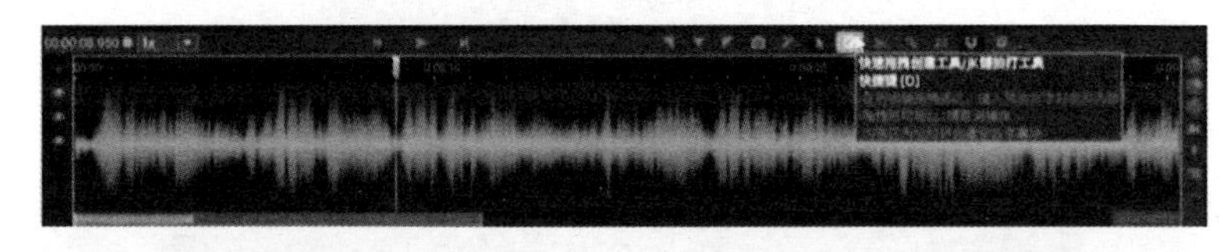

图 6-5-10　快速拖拽创建工具

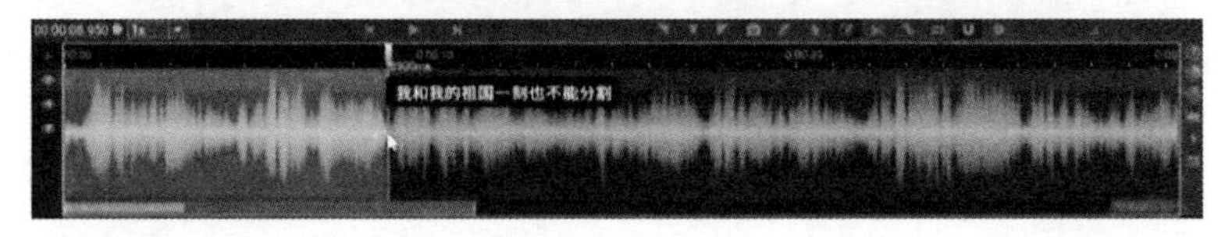

图 6-5-11　框选

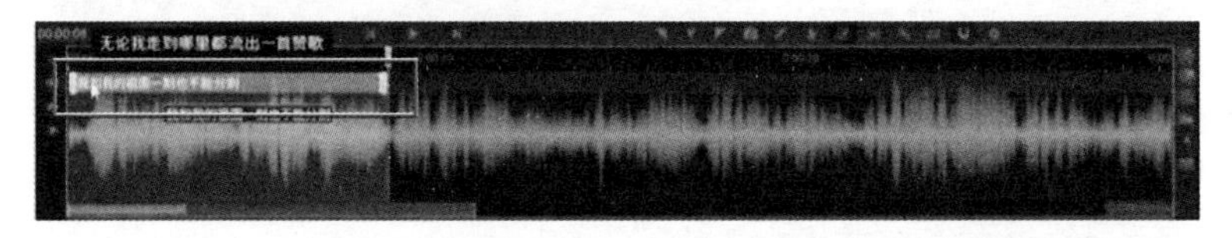

图 6-5-12　添加字幕

图 6-5-13　匹配歌词

三、调整和修改

双击段落字符(图 6-5-14)，进入当前段落的文字编辑模式。歌词中的每句文字会在段落中显示(图 6-5-15)，其中第一格的绿色数字代表段落的字数(图 6-5-16)，数字颜色为绿色代表此段落的文字数量是合理的，若数字颜色为红色则表示当前段落字数过多。在编辑条中对文字进行修改后(图 6-5-17)，点击“提交修改”(图 6-5-18)即可。

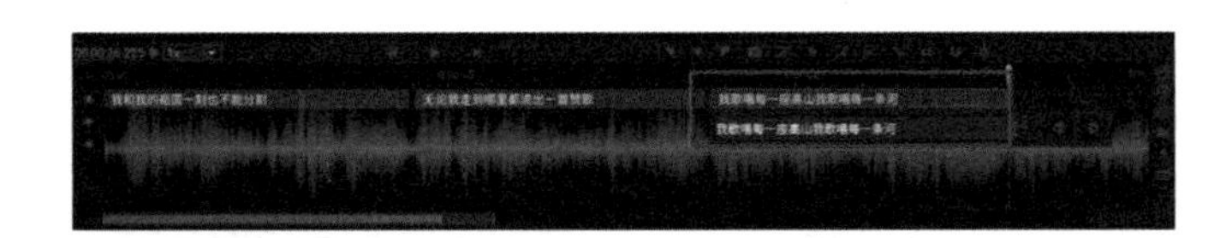

图 6-5-14　双击段落字符

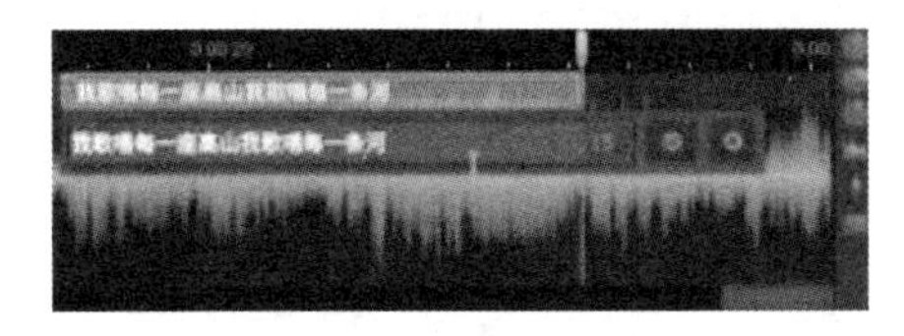

图 6-5-15　段落显示

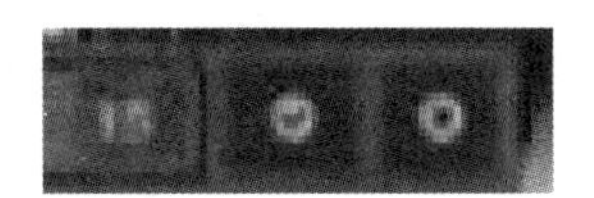

图 6-5-16　段落字数

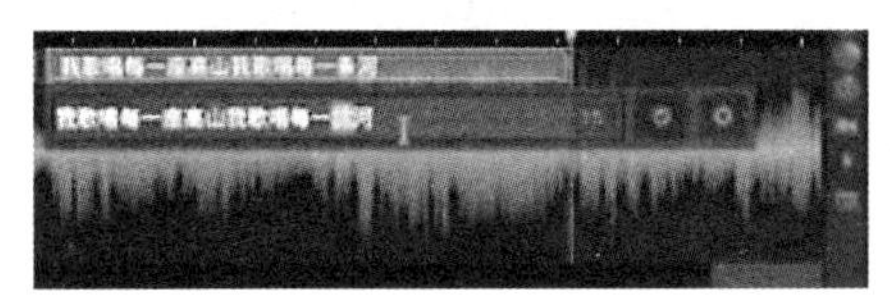

图 6-5-17　文字修改

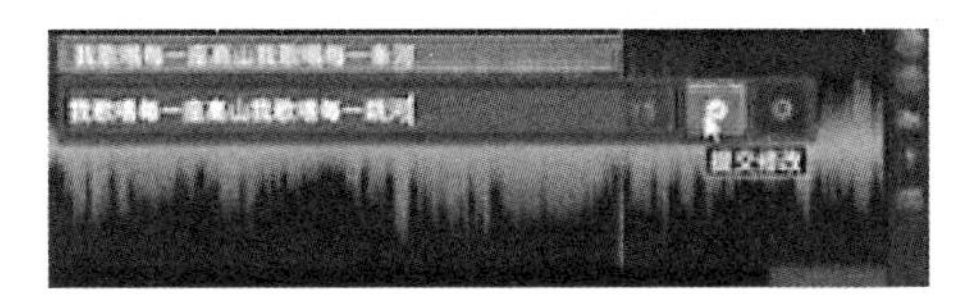

图 6-5-18　提交修改

四、拆分段落文字

选中要拆分的字幕段落，点击“字幕块切割工具”(图 6-5-19)后将鼠标放在选中段落的某一位置，便会在视频中看到两种颜色的字幕(图 6-5-20)。选择要断开的位置后，单击鼠标左键，字幕便拆分完成(图 6-5-21)。

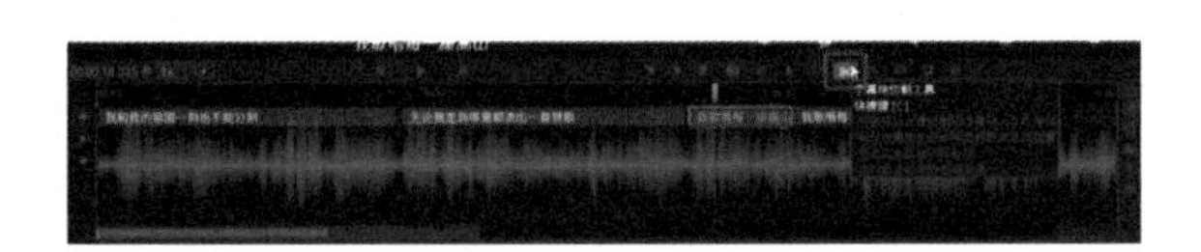

图 6-5-19　字幕块切割工具

图 6-5-20　两种颜色字幕

图 6-5-21　字幕拆分

五、保存字幕条

在“菜单”栏的“导出”命令中，选择导出到 Premiere Pro 中的格式——XML＋PNG 序列(图 6-5-22)，进入“输出设置”中(图 6-5-23)，调整好各项参数后，单击“导出”。导出完成后便生成了 PNG 文件和 XML 字幕序列(图 6-5-24)。

图 6-5-22　导出到 Premiere Pro

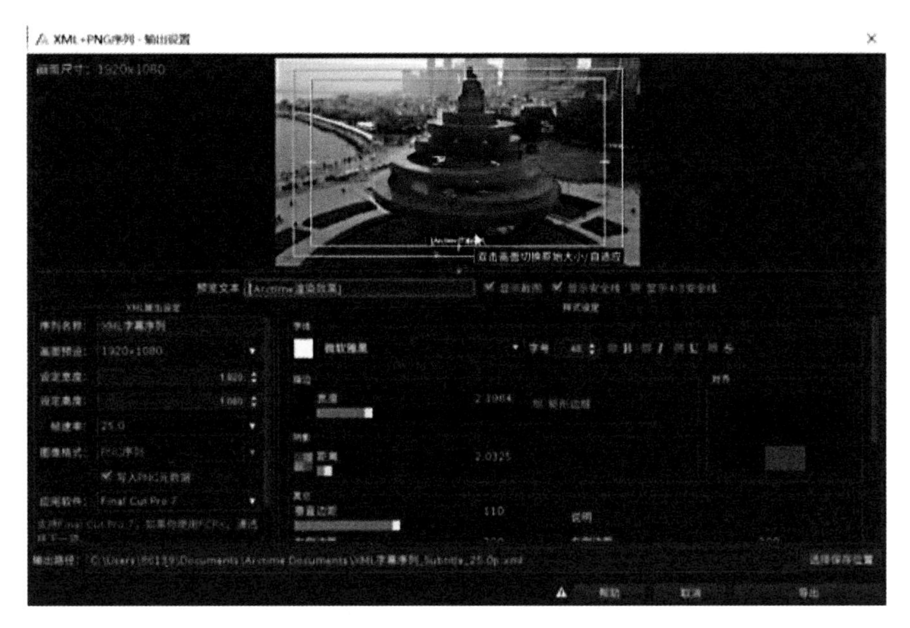

图 6-5-23　输出设置

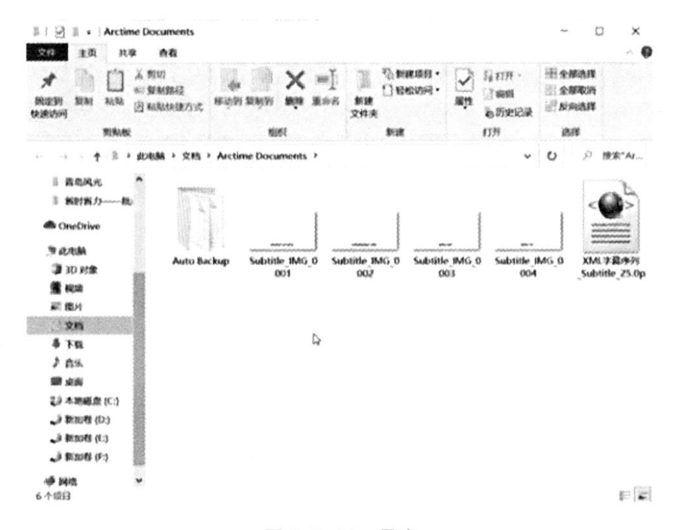

图 6-5-24　导出

六、导入软件

(1) 新建文件夹。将生成的文件移动到新建的文件夹中(图 6-5-25)。

(2) 点击“项目”—“新建素材箱”(图 6-5-26)。双击“新建素材箱”进入素材箱，导入字幕文件(图 6-5-27)，只需要导入 XML 字幕序列，字幕图片便全部导入。

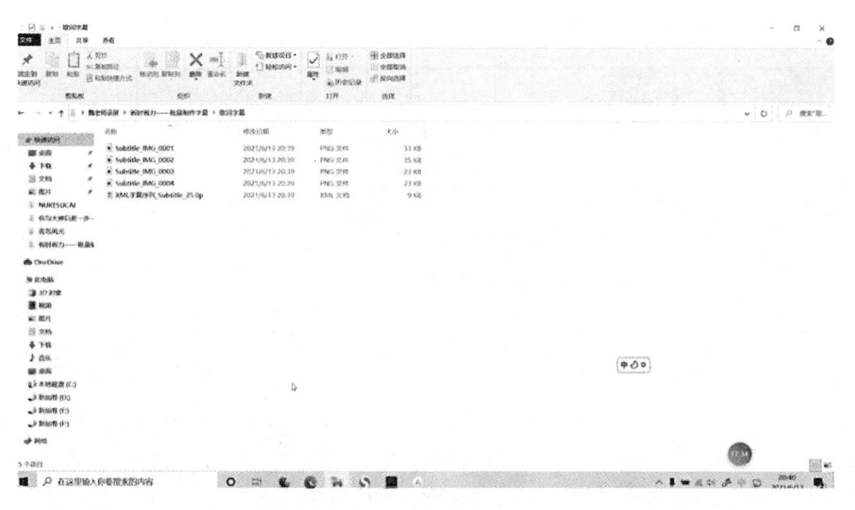

图 6-5-25　文件移动

图 6-5-26　新建素材箱

图 6-5-27　导入字幕文件

七、字幕使用

单击“列表视图”(图 6-5-28),按住鼠标左键,将 XML 字幕序列拖拽到场景中,文字字幕便被快速导入视频(图 6-5-29)。

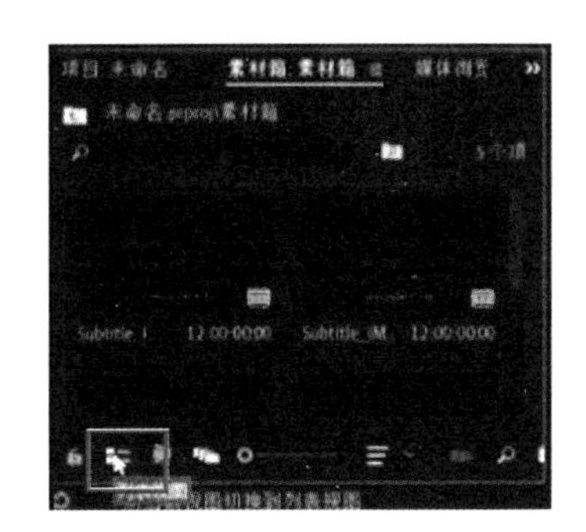

图 6-5-28　列表视图

图 6-5-29　导入视频

第6节 外链花字的使用

一、实际操作

字幕插件工具

点击“菜单”栏中的“图形”,进入“基本图形”编辑模块(图 6-6-1)。

“浏览”:包括软件自带的外链花字或网络下载的外链花字作为素材使用。

“编辑”:对使用的外链花字的效果进行编辑操作。

二、添加外链花字

点击“浏览”—“本地素材”,按住鼠标左键可以方便地把素材(图 6-6-2)拖拽到素材区的视频轨道上(图 6-6-3)。如果没有从网络上下载的素材,可以选择软件自带的效果(图 6-6-4)。

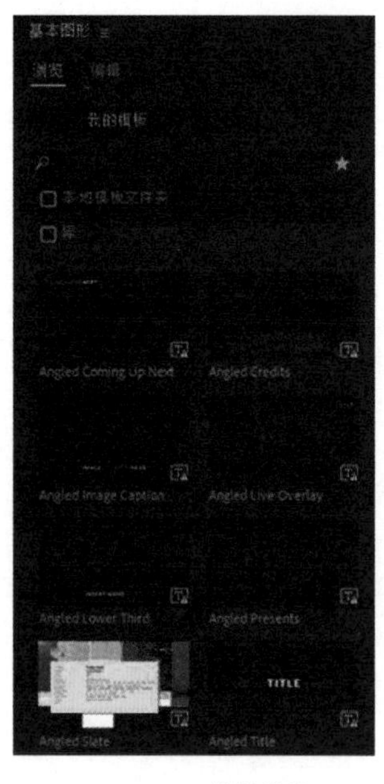

图 6-6-1 编辑模块

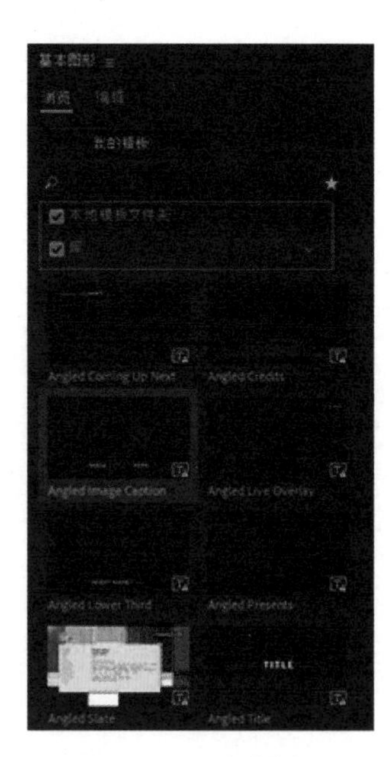

图 6-6-2 本地素材

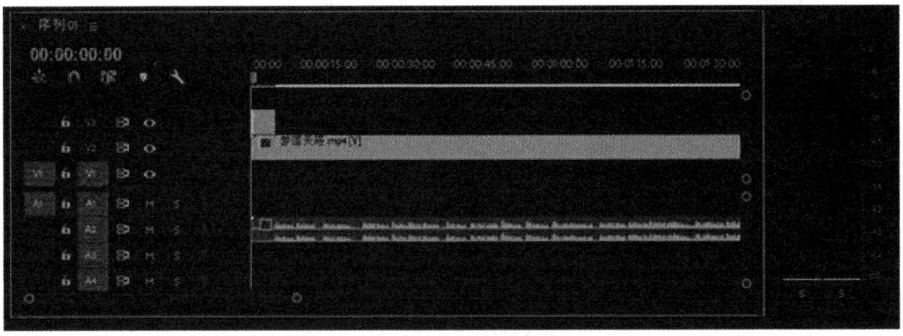

图 6-6-3 视频轨道

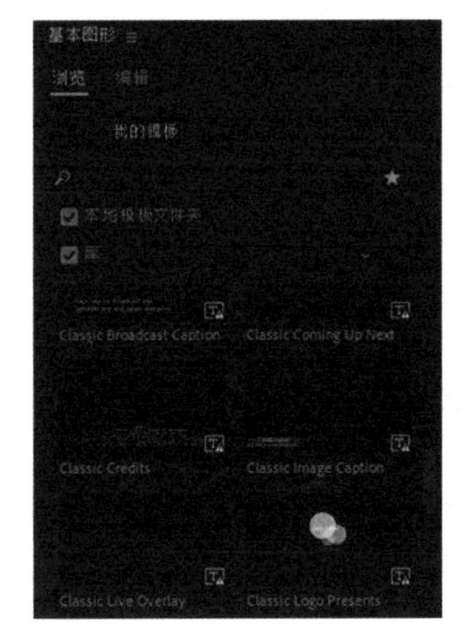

图 6-6-4 自带效果

三、添加下载

点击“基本图形”下拉菜单中的“管理更多文件夹”(图 6-6-5),出现路径对话框,点击“添加”(图 6-6-6),选择下载的外链花字素材库的文件夹(图 6-6-7),可在本地电脑找到添加的文件夹。

图 6-6-5 管理更多文件夹

图 6-6-6　添加

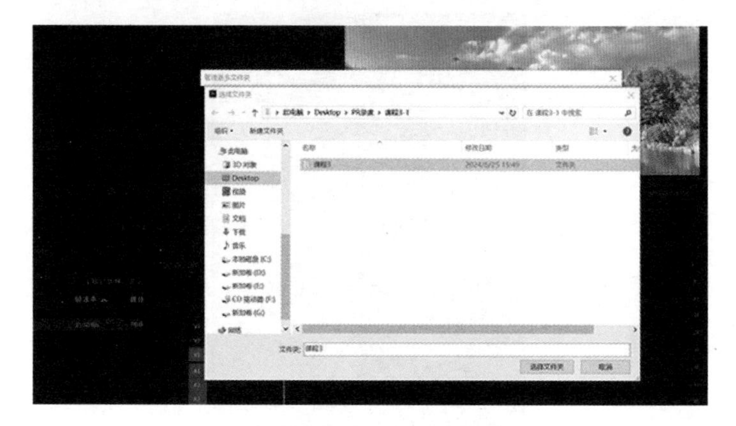

图 6-6-7　下载文件夹

四、更改参数

点击“编辑”，双击“文字图层”，可以对外链花字进行内容更改(图 6-6-8)。单击下载的外链花字效果素材，选择“编辑”(图 6-6-9)，使用“效果控件”对外链花字编辑动画效果(图 6-6-10)。

图 6-6-8　内容更改

图 6-6-9　编辑

图 6-6-10　动画编辑效果

本章小结

本章要求学生了解多种字幕制作的方法，掌握添加字幕的基本原理以及在影视后期制作中字幕的巧妙运用，为学生后期添加字幕打下理论基础。通过本章学习，我们了解了新版字幕工具和旧版字幕工具的差别，熟悉了各种字幕制作的特色和使用范围；掌握了不同种类字幕案例的制作方法，掌握了批量添加字幕的方法，掌握了字幕插件安装和使用的具体方法。

习题

1. 在 Premiere Pro 中，下面(　　)不能在字幕中使用图形工具直接画出。

   A. 矩形　　B. 圆形　　C. 三角形　　D. 星形

2. Premiere Pro 旧版字幕中不能完成(　　)。

   A. 滚动字幕　　B. 文字字幕

   C. 三维字幕　　D. 图像字幕

3. 哪种类型的字幕会在视频中垂直移动？(　　)

   A. 游动　　B. 底部居中　　C. 侧栏　　D. 滚动

4. 如果用于屏幕上显示信息文本（如对白、旁白文字、部分产品功能、属性文字），一般采用哪种类型的字幕？(　　)

   A. 滚动字幕　　B. 游动字幕

   C. 底部居中　　D. 侧栏

5. 哪种类型的字幕会在视频中水平移动？(　　)

   A. 底部居中　　B. 静态

   C. 滚动　　D. 游动

07

第7章

带你玩转音频制作

第1节 美画美声——音频编辑界面

音频编辑界面

一、初级素材配音

(1) 将一段有声音的视频素材导入项目面板中(图7-1-1),素材由视频(V1、V2、V3)和音频(A1、A2、A3)两部分组成(图7-1-2)。默认音频轨道为A1、A2、A3,点击轨道中的素材,发现素材的音乐与视频是连接的(图7-1-3),即绑定在一起。

图7-1-1 导入带声音的素材

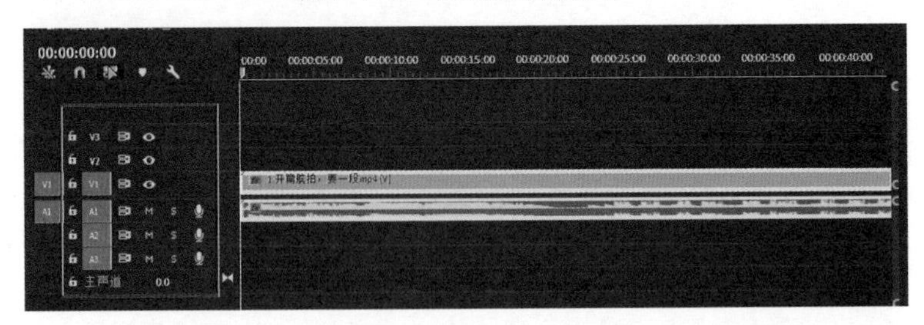

图7-1-2 视频和音频组成的素材

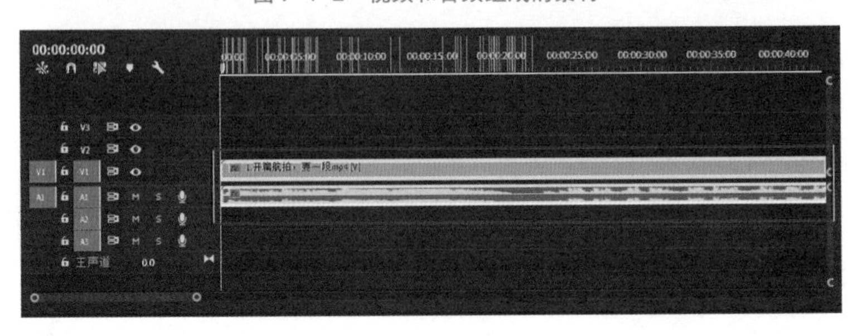

图7-1-3 音乐与视频连接状态

(2) 对素材轨道执行:单击鼠标右键—选择“取消链接”命令(图 7-1-4),将音频从视频中独立出来。点击音频轨道,按“Delete”键删除,保留视频轨道(图 7-1-5)。

图 7-1-4　取消链接

图 7-1-5　删除音频轨道

(3) 单击素材区—单击鼠标右键—点击“导入”(图 7-1-6),选择要导入的音频素材,将

图 7-1-6　导入新音频素材

音频素材拖入音频轨道中(图 7-1-7),完成对视频素材的配音。

图 7-1-7　音频素材拖入音频轨道

二、初级音频轨道学习

(1) 双击导入的音频轨道,将其展开(图 7-1-8)。音频中的波浪线代表音乐的分贝,波浪线越高,代表声音越大,波浪线越低,代表声音越小。按住"Alt"键,同时滚动鼠标滚轮,可以将音频轨道放大(图 7-1-9)。播放时可以在轨道右边看到分贝的指数,指数越高则表示声音音量越大(图 7-1-10)。

(2) 独奏轨道:即音频轨道中的"S"(图 7-1-11)。如果素材中音频轨道非常多,那么听起来会很混乱,如果我们要对某一段声音进行处理,可以点击"独奏轨道",则只能听到独奏轨道中的素材。

(3) 静音轨道(图 7-1-12):点击静音轨道后,轨道所在的声音将会静音。

(4) 添加-移除关键帧(图 7-1-13):音频轨道中间有可以控制音量大小的控制线,可以加入关键帧(图 7-1-14),上下移动关键帧,实现声音的渐高和渐低(图 7-1-15)。

图 7-1-8　展开音频轨道

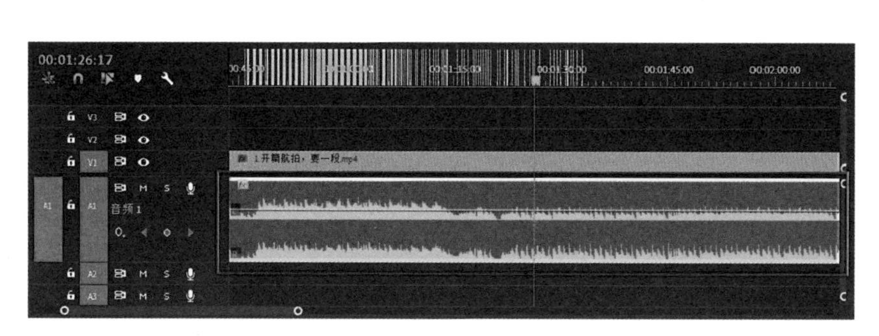

图 7-1-9　放大音频轨道

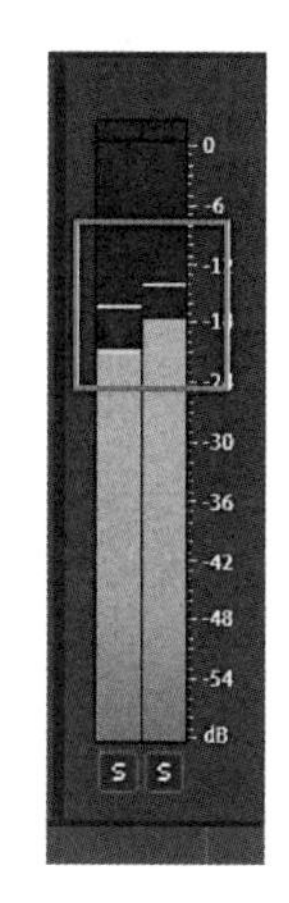

图 7-1-10　分贝指数

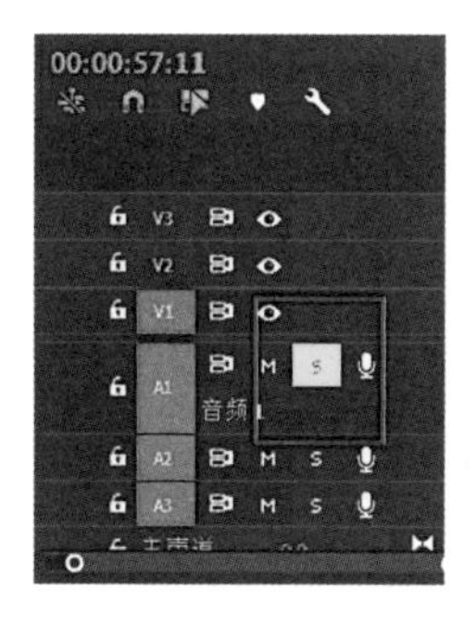

图 7-1-11　独奏轨道

图 7-1-12　静音轨道

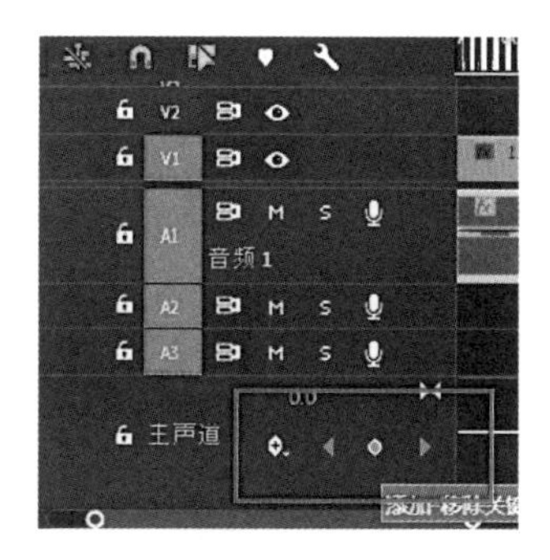

图 7-1-13　添加-移除关键帧

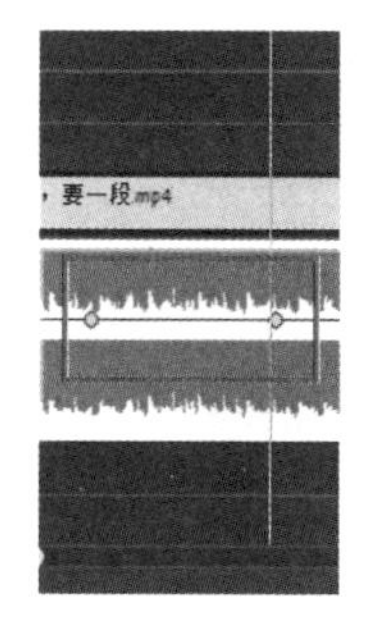

图 7-1-14　插入关键帧

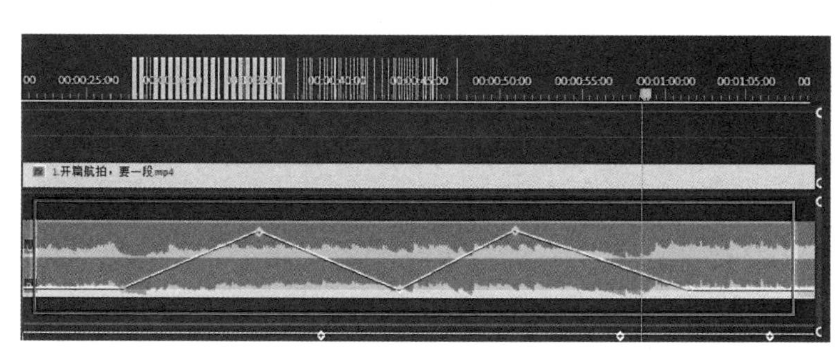

图 7-1-15　上下移动关键帧

第 2 节　配音玩出高级感——音频转场

在视频制作过程中，一段视频或许会使用多种不同的声音，如果这些声音不加以处理，便会感觉突兀。

音频转场

一、混音效果

导入需要剪辑的视频，取消视频与声音的链接（图 7-2-1）。找到视频中需要替换的音乐节点，导入要替换的音乐（图 7-2-2）。

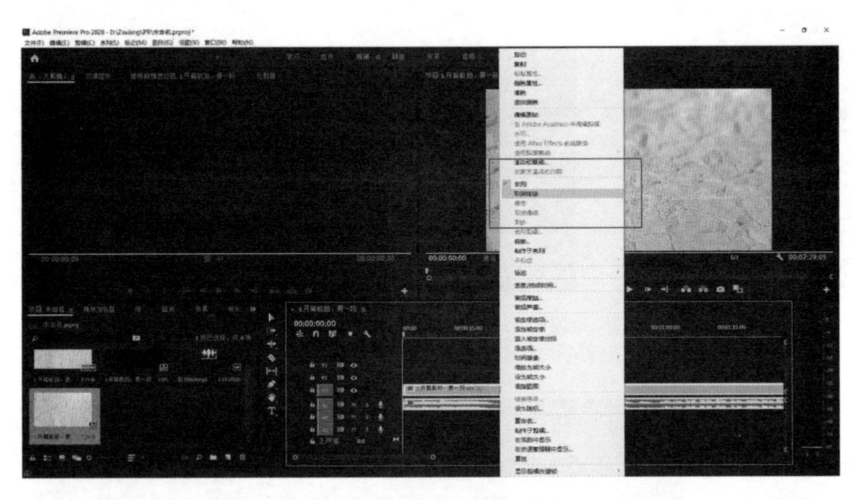

图 7-2-1　取消链接

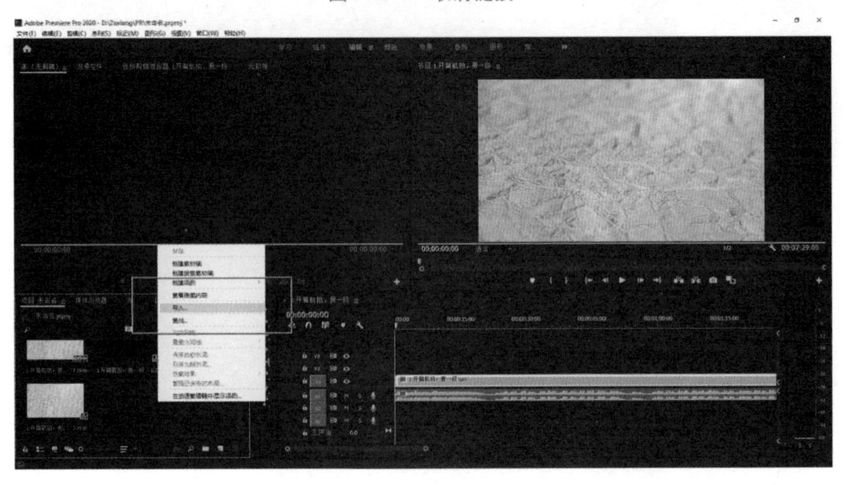

图 7-2-2　导入替换音乐

二、使用“添加-移除关键帧”的方法，使视频有淡入淡出的效果

(1) 使用效果控件(图 7-2-3)，在“音量”中，选择“级别”(图 7-2-4)，在声音断开的部分打上关键帧，选择视频断开的前一部分，再打上一个关键帧(图 7-2-5)。可以从“级别”参数中改变声音的音量，数值越高，表示音量越高，数值越低(负数)，表示音量越低。设置好后可以看到音频轨道的变化(图 7-2-6)。

图 7-2-3　效果控件

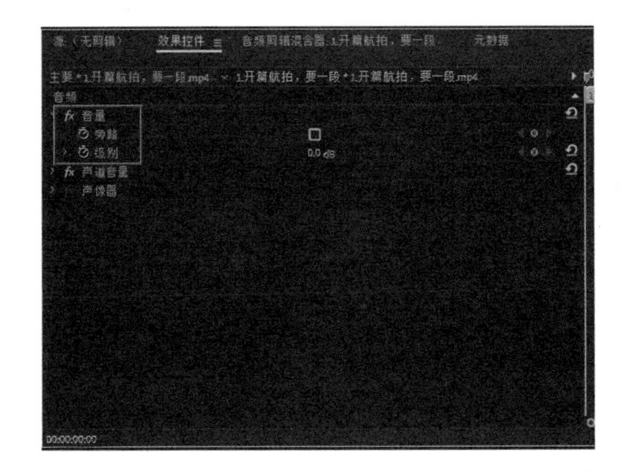

图 7-2-4　选择级别

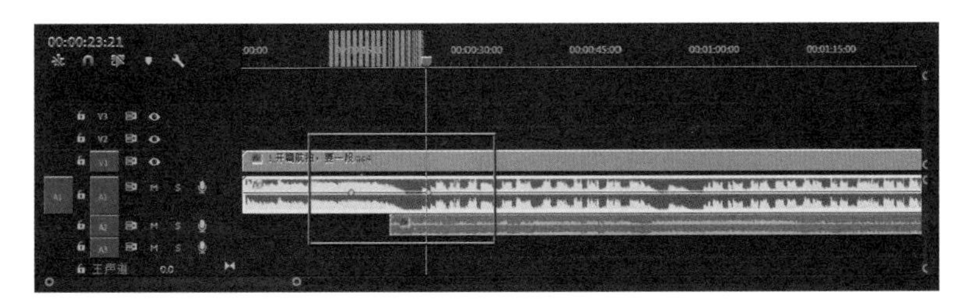

图 7-2-5　打关键帧

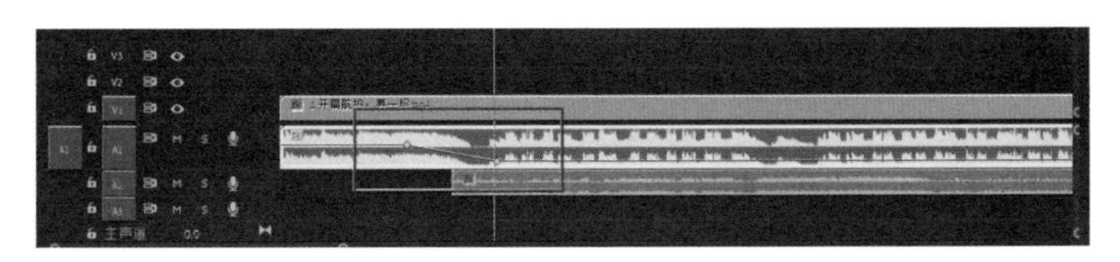

图 7-2-6　改变音量

(2) 将第二段音乐的开端放在第一段音乐第一个关键帧的位置。选中素材，给第二段音乐添加关键帧，在合适位置放置第二个关键帧(图 7-2-7)。第一段音乐是正常播放逐渐

静音,第二段则相反,可以移动关键帧修改不合适的位置(图 7-2-8)。这就完成了简单的音乐转场,即混音效果。

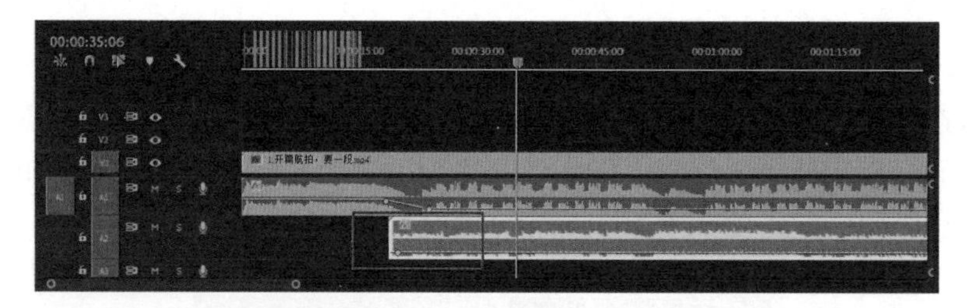

图 7-2-7　放置关键帧

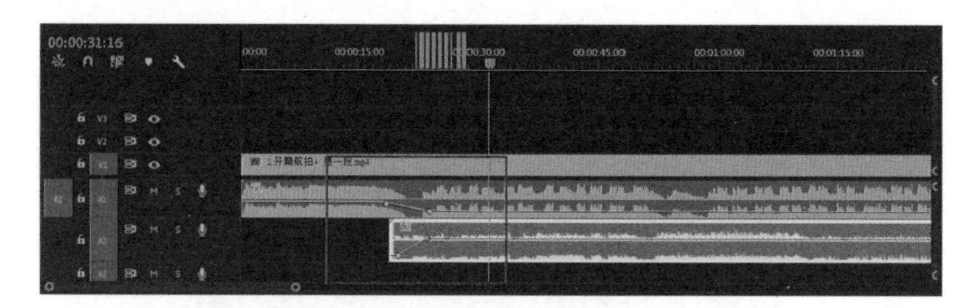

图 7-2-8　修改关键帧

第 3 节　配音不能渣——为声音降噪

操作过程：

（1）导入一段音频素材，点击“效果”—“音频效果”—“降噪”（图 7-3-1），按住鼠标左键，将“降噪”命令拖拽到视频中（图 7-3-2），同时可以在“效果控件”中直观看到“降噪”的命令和功能（图 7-3-3）。

（2）点击“降噪”命令中的“编辑”，放大“编辑”命令菜单，将其功能全部展现出来（图 7-3-4）。

图 7-3-1　降噪

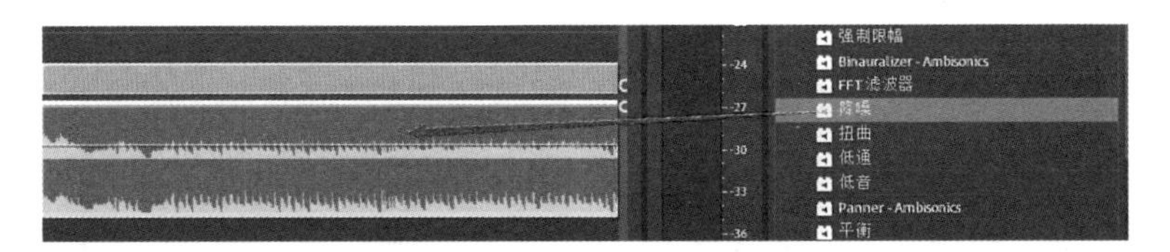

图 7-3-2　降噪效果拖入视频

为声音降噪

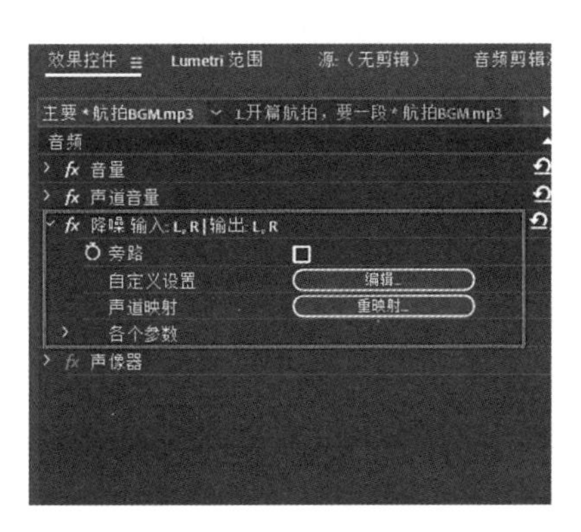

图 7-3-3　降噪命令

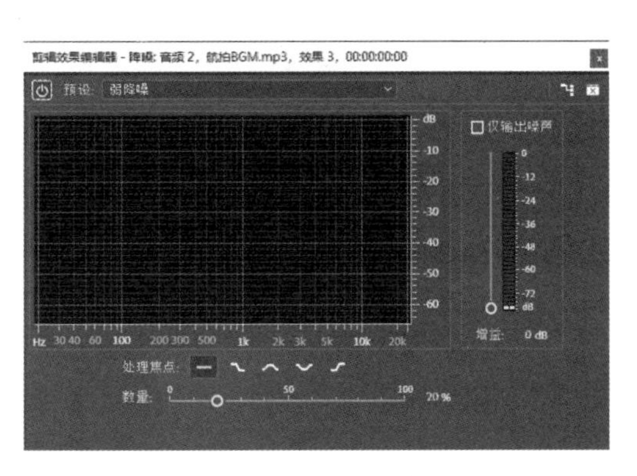

图 7-3-4　展示全部功能

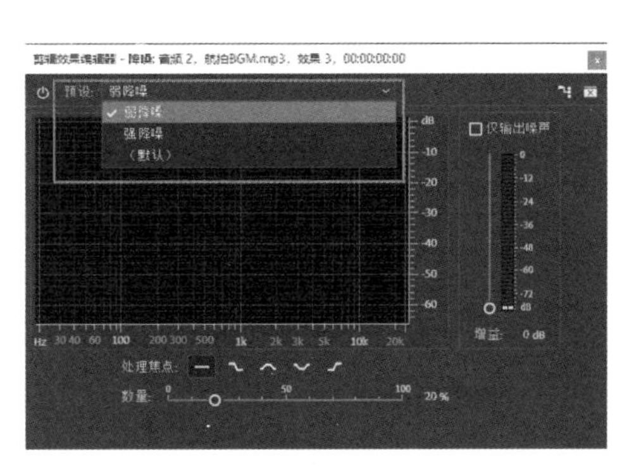

图 7-3-5　预设

（3）预设（图 7-3-5）：软件自动对声音进行处理，保留人声部分。这些声音处理方式会对原声产生影响。预设中整合了两种方式，即“弱降噪”和“强降噪”。“弱降噪”默认数值为“20%”，“强降噪”默认数值为“80%”。

（4）仅输出噪声（图 7-3-6）：保留噪声。

（5）处理焦点：针对录制素材有不同处理参考的方式，分为着重于全部频率（图 7-3-7）、着重于较低频率(图 7-3-8)、着重于中等频率(图 7-3-9)、着重于更低和更高的频率(图 7-3-10)、着重于更高的频率(图 7-3-11)。

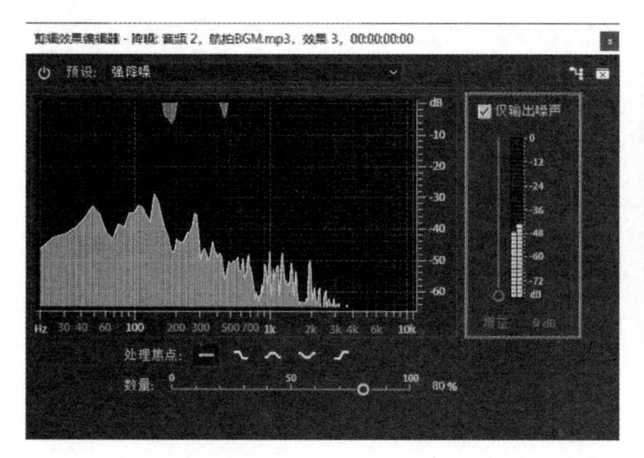

图 7-3-6　仅输出噪声

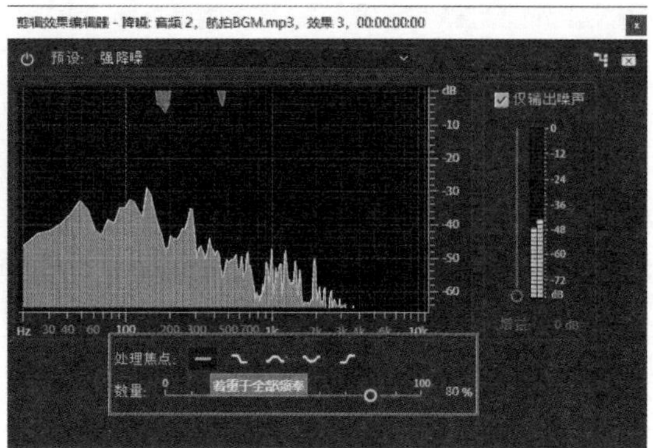

图 7-3-7　着重于全部频率

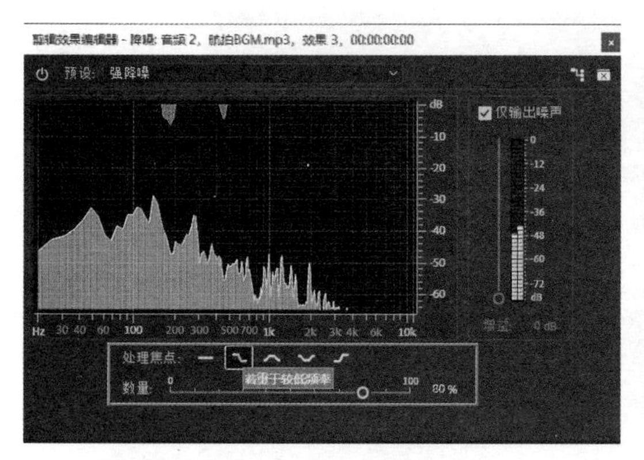

图 7-3-8　着重于较低频率

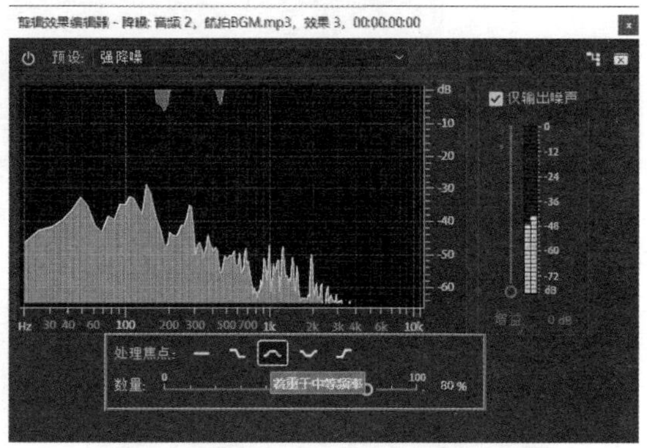

图 7-3-9　着重于中等频率

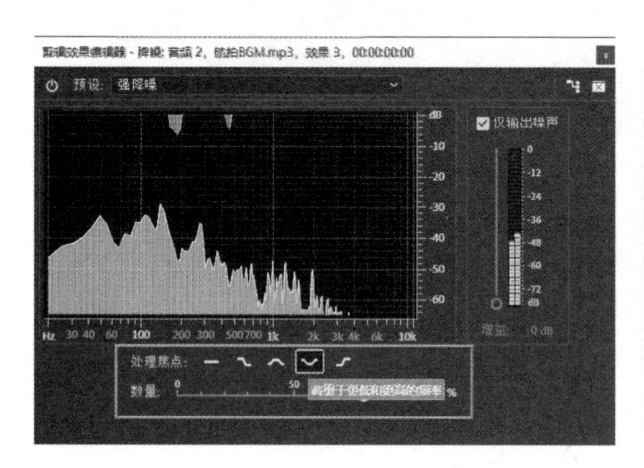

图 7-3-10　着重于更低和更高的频率

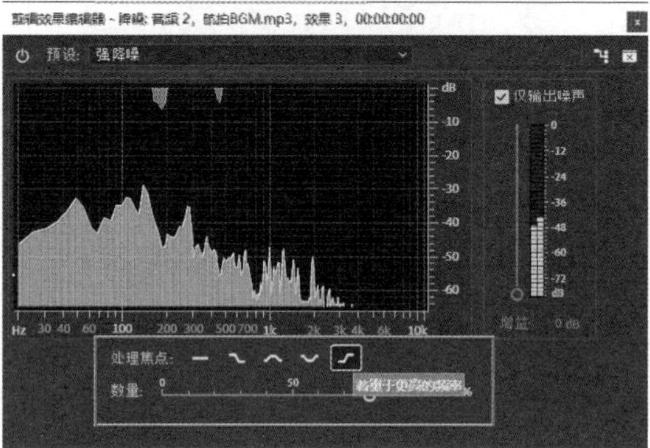

图 7-3-11　着重于更高的频率

本章小结

本章要求学生在音频制作中，了解多种音频转场制作的方法，掌握音频转场的巧妙运用，为学生后期添加音频转场的思路打下良好的理论基础。通过本章学习，我们了解了不同的音频转场，熟悉音频降噪的制作步骤，掌握不同种类音频降噪案例的制作方法，掌握音频降噪的具体方法。

习题

1. 导入一段带有声音的视频后，如想替换该视频原声，首先需要完成(　　)操作。
   A. 直接删除声音轨道音频
   B. 使用右键取消链接命令，拆分后删除
   C. 使用右键音频增益命令
   D. 使用右键嵌套命令
2. 在 Premiere Pro 中默认的情况下，音频轨道全部放大的快捷键是(　　)。
   A. Shift＋　　B. Shift－　　C. Alt＋　　D. Alt－
3. 降噪功能中，哪项表述正确？(　　)
   A. 可以仅输出噪声　　B. 噪声无法消除
   C. 降噪功能在音频过渡模块中　　D. 降噪参数无法通过效果控件修改
4. 以下哪种不是在 Premiere Pro 中导入音频素材的方法？(　　)
   A. 在项目面板中鼠标左键双击打开文件夹选择要导入的音频素材
   B. 快捷键“Ctrl”＋“N”来导入素材
   C. 找到文件夹，找到素材位置，选中导入的文件直接拖拽到项目面板中
   D. 在媒体浏览器中导入素材
5. 在 Premiere Pro 中，音量表的方块显示为(　　)时，表示该音量超过界限。
   A. 黄色　　B. 红色　　C. 绿色　　D. 蓝色

08

第 8 章

带你玩转 VR 全景视频剪辑

第1节　全景视频相关概念

全景视频
实拍原理

一、全景视频

360 度全景视频是以人眼为中心点，围绕上下 180 度、水平 360 度无缝衔接的视频影像。使用全景播放器用户可以通过点击鼠标、触摸屏幕、陀螺仪等方式实现上下、左右、放大、缩小浏览。

图 8-1-1　全景图片的平面模式

用户也可以戴上 VR 眼镜进行沉浸式观看，可以看到前后、左右、上下各个角度不同方向的影像画面，因此全景视频也常被称为 VR 视频。此处的 VR 是 Virtual Reality 即虚拟现实的英文单词缩写。

全景实际上只是一种对周围景象以某种几何关系进行映射生成的平面图片，只有通过 Premiere Pro 等软件进行后期剪辑和特效处理并导入全景播放器才能成为 360 度全景视频。360 度全景视频顾名思义就是给人以三维立体感觉的实景 360 度全方位图像。

左面这 3 幅图就是全景图片的平面模式(图 8-1-1)。

全景视频有三个特点。

(1) 全：全方位。全面地展示了 360 度球形范围内的所有景致。可在例子中用鼠标左键按住拖动，观看场景的各个方向。

(2) 景：实景即真实的场景。三维实景大多是在实拍影像基础之上拼合得到的图像，最大限度地保留了场景的真实性。

(3) 360 度：360 度环视的效果。虽然影片都是平面的，但是软件处理之后得到的 360 度实景却能给人以三维立体空间的感觉，使浏览者犹如身在其中。

二、常用的全景视频拍摄设备

低端设备：全景手机摄像头和简易全景相机，是利用正反两个鱼眼镜头拍摄的影像合成全景视频画面（图 8-1-2）。

高端设备：图中是多机位全景相机矩阵等（图 8-1-3）。这种是利用多机位的相机拍出的影像合成全景视频画面。这种设备拍出的全景视频画面像素更高，比低端设备拍摄的全景画面更清晰。但是由于机位较多，为后期的拼接画面增加了难度。

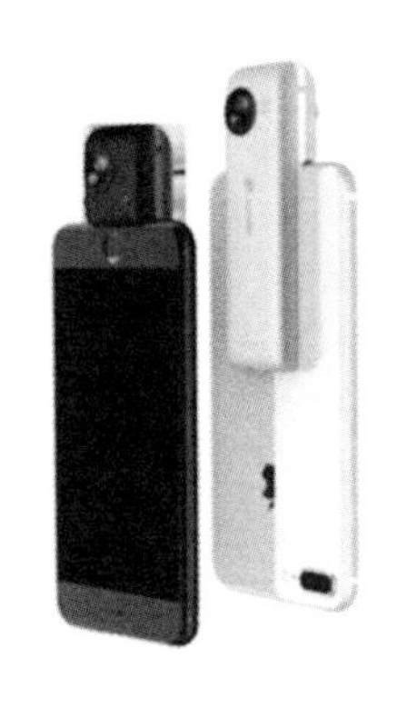

图 8-1-2　拍摄全景视频常用设备

图 8-1-3　拍摄全景视频常用的高端设备

三、常用的全景视频观看设备

360 度全景视频图像是对真实场景的实景拍摄捕捉，真实感强，可观看整个场景空间的所有角度的影像信息，无视角盲区。360 度全景视频经过特殊透视处理，立体感、沉浸感强烈，用电脑观看时，观赏者可通过鼠标任意放大缩小、随意拖动。这种 360 度全景视频的操作方式很人性化，表现形式丰富，并且 360 度全景视频的展示手段不局限于电脑展示，可用手机观看，可用多媒体触摸屏或大屏幕全屏投影观看，也可以用 VR 眼镜沉浸式观看等；同时可制作成为光盘形式的企业虚拟现实形象展示视频、三维产品展示视频（图 8-1-4）。

常见观看全景视频的低端 VR 眼镜设备如图 8-1-5 所示：

图 8-1-4　观看全景视频的常用设备

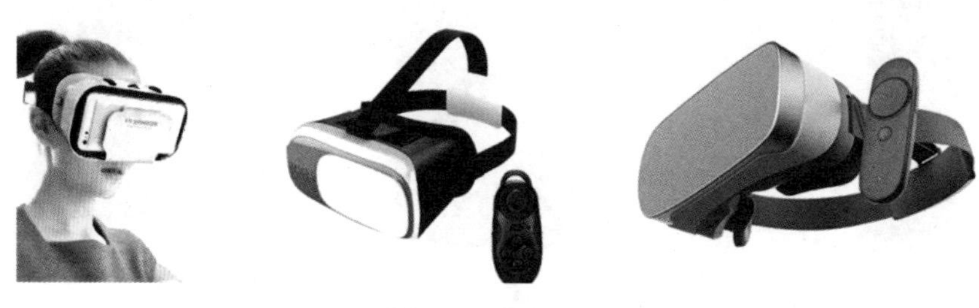

图 8-1-5　观看全景视频的常用低端 VR 眼镜设备

主要是插入手机的手机盒子式简易 VR 眼镜。

常见的观看全景视频的高端 VR 眼镜设备有以下几种(图 8-1-6)：

图 8-1-6　观看全景视频的高端 VR 眼镜设备

主要是能够连接电脑的完全沉浸式 VR 眼镜。

四、为什么要用 360 度全景视频

360 度全景视频具有五大优势。

(1) 什么都可以看。从外景到室内，从大厅到各种空间，最后包装成型，所有关键环节

都可看见。

(2) 不限时间。全天 24 小时，不用提前准备，也不用通知任何工作人员，想看就看。

(3) 不分地区，在全国各地乃至海外都能观看。通过互联网络，每一环节和场景都在你面前。

(4) 不分人群。不管什么年龄、什么职业，只要会操作互联网，都可以看。

(5) 想怎么看就怎么看。左右转，上下转，前后转，怎么看自己做主。

五、拍摄全景视频需要注意哪些问题

(1) 选择光线环境：一般选择在能见度佳、气温低、空气纯净、光照充足的时候，如在秋高气爽的午后(图 8-1-7)或者晴空万里的海边。雪山、草地是出全景视频最好的地方。如果拍夜景，一般选择在晴朗的晚上(图 8-1-8)，白天要避免太阳曝光过度。

图 8-1-7　秋高气爽的午后校园全景

图 8-1-8　青岛市中山路夜景全景

在特殊场景下，比如拍摄汽车内部全景的时候，需要选择外部光线稍暗，没有太多外部直射光线的场合，然后把车内灯光打开，再加泛光灯照明，或者把车开到室外，利用室外光线结合车内灯光拍摄。

拍摄房间全景，一般以内部光照为主，如果窗外太亮，就可能导致室内很多角落太暗，无法表现，但目的是表现室内，那只能使窗外部分曝光过度了(图 8-1-9)。

图 8-1-9　济宁文化馆室内全景

(2) 全景选点:拍摄场景全景的时候,为了能获取更多的场景信息,一般选择在高点或者场景的中央。另外,全景观看的时候需要旋转,所以选择场景的几何中心是为了避免旋转过程中给观赏者带来失重的感觉。如果拍摄房间,一般选择房间的中央或者习惯立足点;如果拍摄汽车,一般选前座中央是为了看清楚仪表盘,选后座中央是为了体会乘坐环境。为了与人们的观赏习惯符合,镜头高度一般为人的平均身高。在某些场景下,别出心裁的选点往往能给整个全景图像带来意想不到的冲击力,例如高塔外伸处、湖中央、人群的目光焦点、高山的悬崖旁等(图 8-1-10)。因为观赏者会想象自己正处于该位置观赏,这也是为什么悬空摄影和航空摄影更吸引人的原因。既然没有了构图,那我们就得多思考怎么选点。

图 8-1-10　青岛栈桥全景

(3) 全景主题和对象:全景视频跟普通摄影一样,也有丰富的主题和表现对象。用于商业展示的全景视频一般以汽车、房产和旅游风光为对象;新闻方面的全景视频一般记录大事场景、大型活动等(图 8-1-11);在刑侦方面,记录作案现场的全景视频显然也是相当重要。在国外,全景摄影师还喜欢用全景的方式表现非洲部落的生活、人类一天的活动、民族特色节日、同一地点的春夏秋冬、大型体育赛事现场,记录场景变迁,表现战争现场等。

图 8-1-11　学校运动会全景

(4) 拍摄设备的调节:为了减少振动,在选择好的脚架的同时需要拧紧所有连接部位,放置平稳，调节全景镜头水平。由于影像画面是一个球形，如果以整个画面的分区平衡测光的模式不适合，因为黑色的地方会导致测光不准，所以建议用偏重中央测光或者是中央重点测光比较好。全景的特点是包含信息多，所以当光源不明确的时候最好手动白平衡下多拍摄几组，如果有自动包围白平衡曝光的相机最好。在室外良好光照环境下，场景的清晰度和亮度显然最重要，光圈一般用 8～11，鱼眼镜头一般能达到非常大的景深，所以没必要为了追求景深而用小光圈。由于镜片结构多层，边缘部分接近全反射角，所以小光圈往往会导致进光不足。反之，如果为了追求快门速度用大光圈，可能会产生光晕。在室内为了减少振动和数码噪声，光圈可以适当调大，来提高快门速度。数码摄影中，ISO（感光度）越大，数码噪点越多，因为全景图片一般要满足放大观看的需要，选择 ISO 的时候需要更多地考虑数码噪点的问题，噪点越少越好。有很多全景图片是通过几张图片拼合生成的，所以每张图片的明暗要求一致，所以在对场景的平均照度区域测光，并设定参数以后进行曝光锁定是非常必要的。此外，用于拼接的几张图片的相对位置对全景图像的后期拼合也是相当关键的，所以拍摄的过程中要保持相机位置不变。为减少振动，必须用自动拍摄或者快门线。为提高拼合质量，在拼缝的位置尽量避免有运动物体。

第2节　全景视频剪辑原理

全景视频剪辑原理

一、全景视频的应用

想要做好全景视频的剪辑，首先要弄明白自己要剪辑的全景视频的用途。全景视频技术广泛应用于宾馆酒店、旅游景点、房产家居、休闲会所、汽车展示、城市建筑规划等网络虚拟展示。

（1）餐饮全景虚拟展示应用：用于展示餐厅环境、包间布局、菜系种类等，可以让更多的喜欢美食的人士根据自身需求，通过上网选择适合自己消费的菜系、餐厅。

（2）酒店全景虚拟展示应用：利用网络，远程虚拟浏览宾馆的外形、大厅、客房、会议厅等各项服务场所，展现宾馆舒适的环境，完善的服务，给客户以实在感受，促进客户预订客房。

（3）旅游景点虚拟导览展示：高清晰度全景视频展现景区的优美环境，给观众一个身临其境的体验，结合景区游览图导览，可以让观众自由穿梭于各景点之间，是旅游景区、旅游产品宣传推广的最佳创新手法。虚拟导览展示可以用于制作介绍风景区的光盘、名片、旅游纪念品等。

（4）房产全景虚拟展示应用：房屋开发销售公司可以利用全景视频浏览技术，展示楼盘的外观，房屋的结构、布局、室内设计，并可以用来制作介绍楼盘的光盘。购房者在家中通过网络即可仔细查看房屋的各个方面，提高潜在客户购买欲望。更重要的是，采用全景视频技术可以在楼盘建好之前将其虚拟设计出来，方便房地产开发商进行销售。

（5）汽车全景虚拟展示应用：汽车内景的高质量全景视频，展现汽车内饰和局部细节。汽车外部的全景视频，可以从每个角度观看汽车外观，实现汽车的线上完美展现。

（6）商业空间展示宣传：有了全景视频虚拟展示，公司产品陈列厅、专卖店、旗舰店等相关空间的展示就不再有时间、地点的限制。全景视频虚拟使得参观变得更加方便、快捷，点击鼠标就像来到现场一样，大大节省了成本，提高了效率。

二、全景视频剪辑与传统视频剪辑的主要区别

（1）拍摄的原始视频文件不同。要获得完整的VR体验，拍摄电影时必须使用全景摄像机。一类是一体式全景摄像机（图8-2-1）；另外一类就是多相机组合方案（图8-2-2）。

但无论哪一种方式的相机，采集的方式都是各个相机同时拍摄不同角度的视频，后期通过专用的软件输出，或者通过专门的视频拼接软件进行同步、拼接、调整、输出，最后得到比例2∶1的全景视频文件。

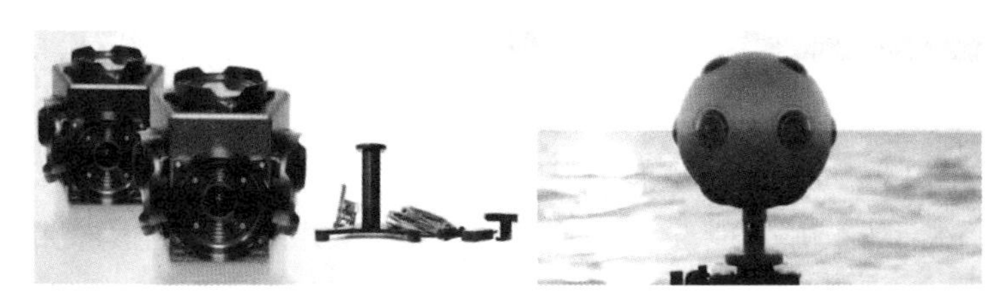

图8-2-1　一体式全景摄像机

图8-2-2　多相机组合方案

（2）全景视频基本上是一种新的“讲故事”形式，需要使用与传统电影、电视不同的剪辑和制作技巧。全景一般更侧重表现场景的全局信息，所以全景视频更注重选点，而传统摄影更注重构图。观看全景视频跟观看传统的电影截然不同。在观看传统电影的时候，导演决定观众的注意力集中到哪里。从俯瞰镜头到中景镜头，再到特写镜头，观众无法选择从哪个角度观看。但是全景视频把选择权交到了观众手中。VR眼镜可以让观众选择从任何一个视角观看电影，有时候观看角度的不同甚至会影响故事展开的方式。

以著名电影《西北偏北》中罗杰・桑希尔被撒药飞机追赶的惊险镜头为例，观众只能被动地看着桑希尔逃脱飞机的追赶（图8-2-3）。但如果用全景视频来表现这个镜头，观众的视角可以跟随主人公一起奔跑，还能时不时回头看后面追赶上来的飞机，或者远处疾驰而过的汽车和后面快速逼近的油罐车。

VR电影院的特殊座椅可以根据电影的情节同步上下左右摇晃，让观影体验再提升一个层次。全景电影《火星VR体验》是斯特罗姆伯格根据马特・达蒙（Matt Damon）主演的电影《火星救援》改编而成（图8-2-4）。当看到被遗弃在火星上的宇航员驾着火星车撞上巨石时，观众的座位会像汽车撞到障碍物一样向前倾。

图8-2-3　被飞机追赶的惊险镜头

图8-2-4　电影《火星救援》VR镜头

(3) 目前的全景视频时长要远远短于普通电影,大部分不到10分钟,原因是观众长时间观看全景视频会引起恶心呕吐。全景视频尚处于早期发展阶段,有许多缺陷需要弥补。

(4) 还有一个更为严重的挑战:如果观众可以往任何一个方向观看,导演该如何告诉观众电影中最精彩的部分在哪个地方呢?观众会不会稍微不集中注意力就错过了重要情节呢?与拍摄传统电影不同,全景视频制作者的工作不是仅仅控制场面,而是策划每一个场面并让它在远处发生。澳大利亚互动全景视频艺术家莱内特·沃沃斯表示,全景视频更接近导演戏剧,而不是导演电影。

(5) 全景视频中物理运动呈现给观众的方式多种多样,可视角度不同、是否使用计算机动画软件、是否使用运动摄像机等都是全景视频制作过程中需要考虑的地方。将全景视频与传统电影的剪辑相比,电影已经有数百年的制作历史,电影中的"视觉语言"已经演变成为电影行业中的共同的语言。所有人都可以通过电影和电视来形成自己独特的视觉感受,电影人利用大众视觉素养来创造出这种独特的视听语言。虽然视听语言在不同的文化氛围中会有不同的规则,但无论怎么变化,其总体的规则还是比较类似,用户可以通过电影人来帮助他们讲述自己的独特故事,或是唤起相关的情感。在电影视听语言中,有其独特的取景规则以及切换场景和剪辑不同场景的方式。例如,当电影中的角色打开一扇门离开所处房间的时候,接下来的镜头将会看到这个角色会从一道门进入一个全新的空间。但是并非所有传统电影中的视听语言法则都可以转移到全景视频电影中,有一些无法全部转移,这就是为什么要在全景视频电影中提出一种全新的视听语言了。

虽然大家都很看好全景视频这种新技术,但不得不说它依然处在萌芽期,想发挥真正的威力还需要继续修炼内功。

第3节　案例实操

首先将原始素材画面用鼠标左键拖动，可以旋转观看视频的各个方向（图 8-3-1）。

全景视频
剪辑案例

图 8-3-1　旋转观看视频

把素材导入 Premiere Pro 中。在窗口中调出所有面板，把视频拖到视频轨道上（图 8-3-2、图 8-3-3）。

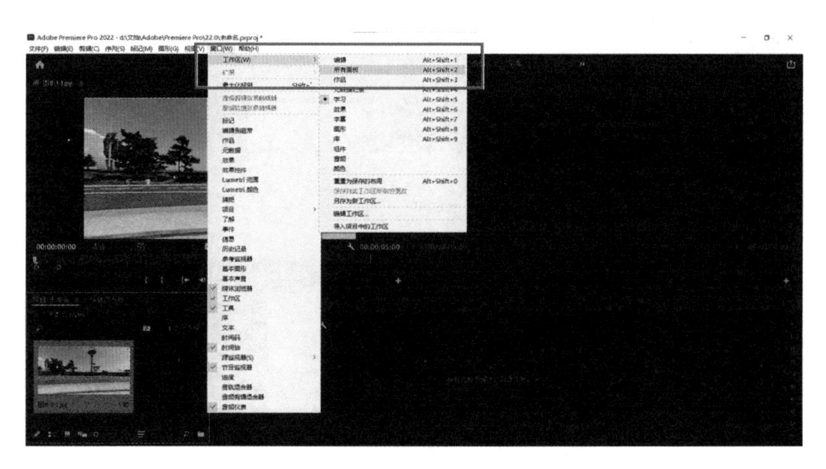

图 8-3-2　调出所有面板

播放可以发现这是扭曲显示的全景视频素材，所以点击右键，点击“VR 视频”—“启用”（图 8-3-4）。现在会发现显示视频方式改成了“VR 显示方式”，但是长和宽相同，是正方形的显示方式，所以要在画面上再次点击右键，选择“VR 视频”—“设置”（图 8-3-5）。在 VR 视频设置中监视器视图水平和垂直视角分别为“150”和“90”，才符合正常人的观察视角。用鼠标左键在画面拖动，可以看到画面的各个方向，然后将另一段全景视频拖入视频轨道中，可以看到这段视频自动变成了这种显示方式（图 8-3-6）。

图 8-3-3　视频拖到视频轨道

图 8-3-4　启用 VR 视频

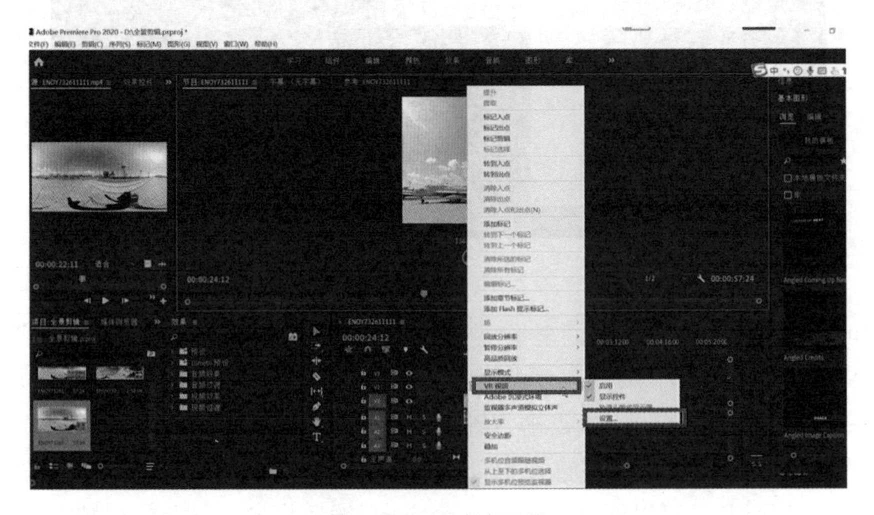

图 8-3-5　VR 视频设置

图 8-3-6　监视器视图水平和垂直视角

在序列上，右键序列设置，在序列设置最下面的 VR 属性中，投影选择“球面投影”，水平捕捉的视图为“360°”，垂直为“180°”，点击确定(图 8-3-7)。

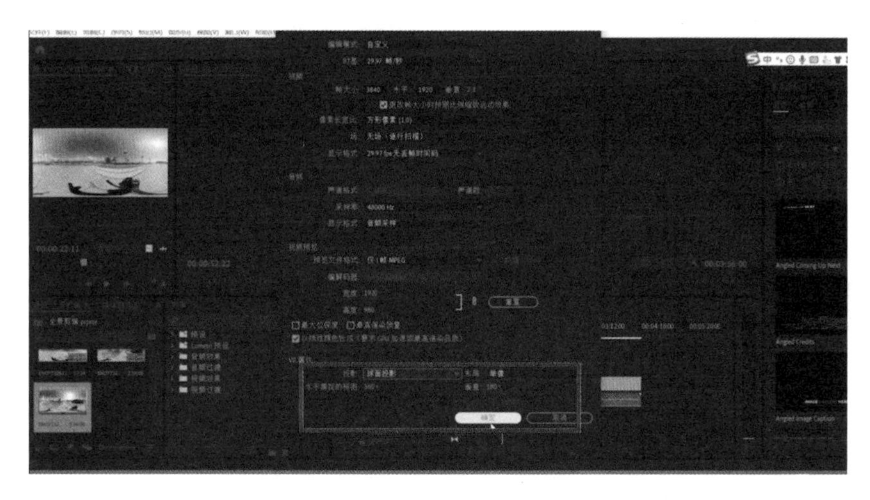

图 8-3-7　水平 360°、垂直 180°视图

VR 光圈擦除：找到“视频过渡”—“沉浸式视频”，选择“VR 光圈擦除”。拖到两段全景视频交接的地方，播放时会有光圈擦除的过渡效果(图 8-3-8)。

当转到不同角度的时候，可以看到光圈擦除效果的不同方向。点击“光圈擦除效果”，在左上方的效果控件中，可以更改 VR 光圈擦除效果的各属性值，并可以打上关键帧动画(图 8-3-9)。

VR 光线：删除“VR 光圈擦除”，将 VR 光线拖入画面交接处，可以看到 VR 光线的一个效果。如果看不到画面效果时，可以旋转一下画面，可能是在另一个角度。这个特效就是光线一闪而过切换到下一个镜头(图 8-3-10)。

图 8-3-8　VR 光圈擦除

图 8-3-9　打关键帧动画

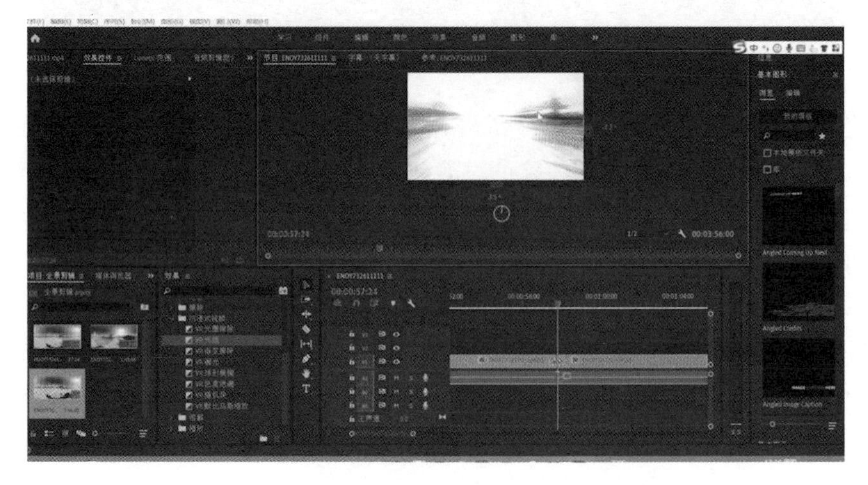

图 8-3-10　VR 光线

左上方效果控件中,可以修改光线起始点的 X 轴和 Y 轴的位置,也可以修改结束点。这些属性可以修改,而且在左边有秒表,可以打上关键帧动画。光线长度可以控制整个光线的长度(图 8-3-11)。

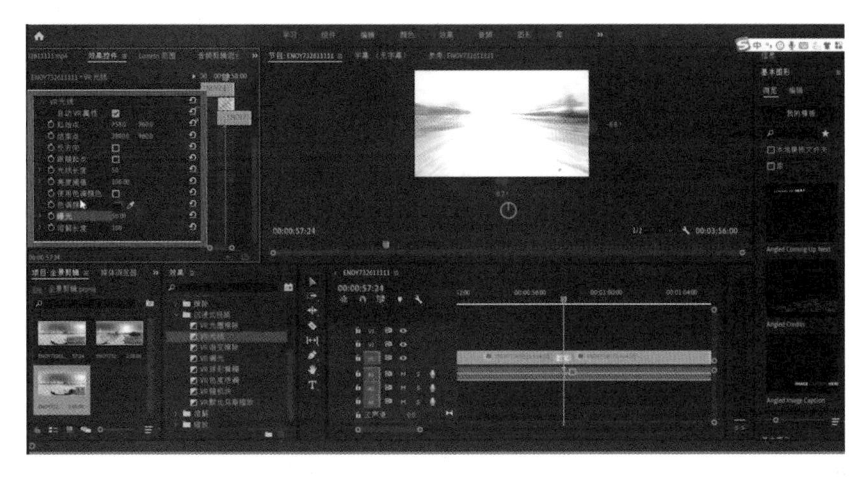

图 8-3-11　VR 光线效果控件

VR 渐变擦除:若将 VR 渐变擦除拖入视频交接处,会先擦除,然后显示下一个镜头。可以通过左上方的效果控件羽化值调整边界的清晰和模糊,也可以旋转,选择图像。可以将最后消失的图像定义为自己喜欢的图像(图 8-3-12)。

图 8-3-12　调整效果控件属性

VR 漏光:VR 漏光效果是一种非常绚烂的交叉效果。效果控件可以调整这些数值,不同的变化都可以打上关键帧动画,旋转点的 X 轴可以调整旋转点的位置,泄漏强度就是光线泄漏的强度。所有属性都可以通过拖动鼠标左键看到不同的效果,随机植入可以改变画面的图案,旋转角度可以改变画面旋转的方向(图 8-3-13)。

VR 球形模糊:将其拖到视频画面交界处,像一个圆形的玻璃的效果。选中这个效果,

图 8-3-13　VR 漏光

在效果控件中可以调整属性，包括模糊强度、曝光度、其他引出旋转的方式和其他引入旋转的方式。这些值也都可以打上关键帧动画，移动目标点位置可以看到像酒瓶底部的玻璃在移动，拖动画面可以观察不同的角度（图 8-3-14）。

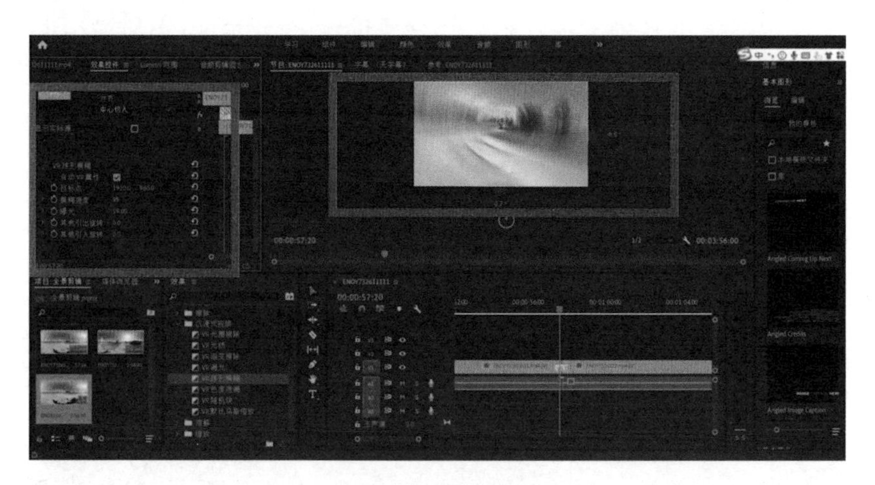

图 8-3-14　VR 球形模糊

VR 色度泄漏：将其拖到交界处，选中效果控件，其中可以调节属性。这些属性也可以在左边的秒表处打上关键帧，包括泄漏角度、亮度阈值、泄漏亮度、泄漏饱和度、混合因素。所有的蓝色数字都可以拖动鼠标左键调整数值，观察画面的变化（图 8-3-15）。

VR 随机块：将其拖到交界处，效果是逐渐地显现下一个镜头。点击“效果”，效果控件中可以调节各种属性，包括块宽度、块高度、大小偏差、随机植入、羽化、旋转等，这些值也都可以打上关键帧动画（图 8-3-16）。

VR 默比乌斯缩放：相当于一个默比乌斯环的效果，可以看到画面中球形放大逐渐出现。选中“效果”，在效果控件中这些属性可以调节，缩小级别、放大级别、目标点的 XY 轴的位置以及边缘的羽化值，就产生了一种默比乌斯缩放的效果（图 8-3-17）。

图 8-3-15　VR 色度泄漏

图 8-3-16　VR 随机块

图 8-3-17　VR 默比乌斯缩放

最后导出。在导出设置中，视频要选择“VR 视频”，帧布局选择“单像”，水平视角“360°”，垂直视角“180°”。另外还可以设置比特率，最后选择“导出”(图 8-3-18)。

图 8-3-18　导出视频

VR 视频杂色：点击节目栏，点击视频效果，选择“沉浸式视频”。首先把“VR 分形杂色”拖入视频轨道上的视频，会看到云彩的黑色和白色的杂色分形图的效果。在效果控件中的 VR 分形杂色，可以选择分形类型，可以调节对比度、亮度，还可以勾选反转，调整黑色和白色、复杂度和演化。演化效果可以做剪辑或转场。这些都可以在前面的秒表上打上关键帧，包括变换效果可以变换杂色，还有倾斜效果、平移效果。在子设置中可以看到子影响、子缩放、子倾斜、子平移、子滚动，这些属性都可以拖动鼠标左键改变数值，并且都可以在秒表上打上关键帧动画，包括图案都可以随机调整，不透明度也可以调整，可以和本身的原素材画面进行叠加显示，混合模式也可以进行切换。混合模式有多种，可以拖动鼠标滚轮切换模式，无、正常、相加、相乘、滤色、叠加、柔光、强光、颜色减淡、颜色加深、变暗、变亮、差值、排除、色相、饱和度、颜色、发光度都是可以叠加的混合模式(图 8-3-19)。

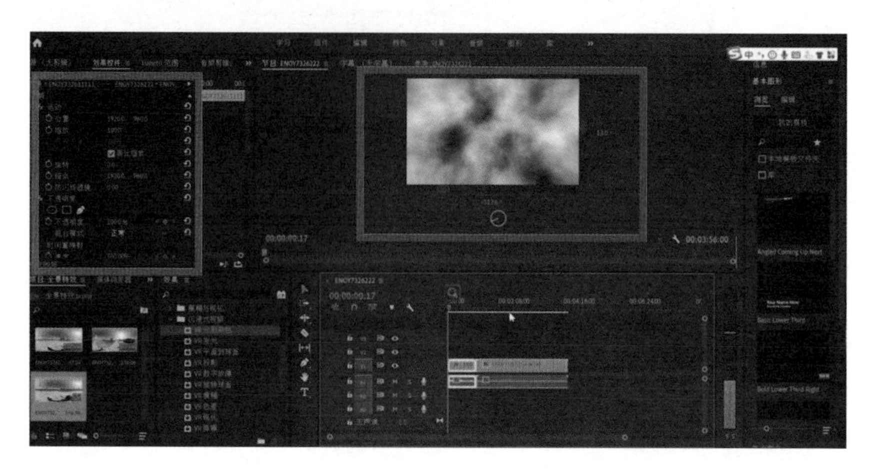

图 8-3-19　VR 视频杂色

VR 发光：添加 VR 发光效果，打开后点击效果控件，切换到 VR 显示效果。拖动它的亮度阈值，发光的范围变得更大，拖动发光半径，半径也可以变大或缩小，拖动发光亮度，亮度值也可以手动输入。鼠标左键左右拖动，可以观察亮度变化。发光饱和度也可以调整，在色调颜色可以点开拾色器，为光线选择一种颜色，勾选“使用色调颜色”，然后把发光饱和度调高，就可以看到发出所选颜色的光(图 8-3-20)。

图 8-3-20　VR 发光

VR 平面到球面：先导入一段动画，将动画拖到全景视频的上一层视频轨道，然后在画面中拖动鼠标左键，可以看到 VR 视图中原本正常的长方形动画产生了变形效果。回到 VR 视图拖动，可以看到不是长方形，发生了扭曲变形。把“VR 平面到球面”拖放到视频轨道上，等于给上层轨道的动画添加了一个从平面到球面的效果(图 8-3-21)。

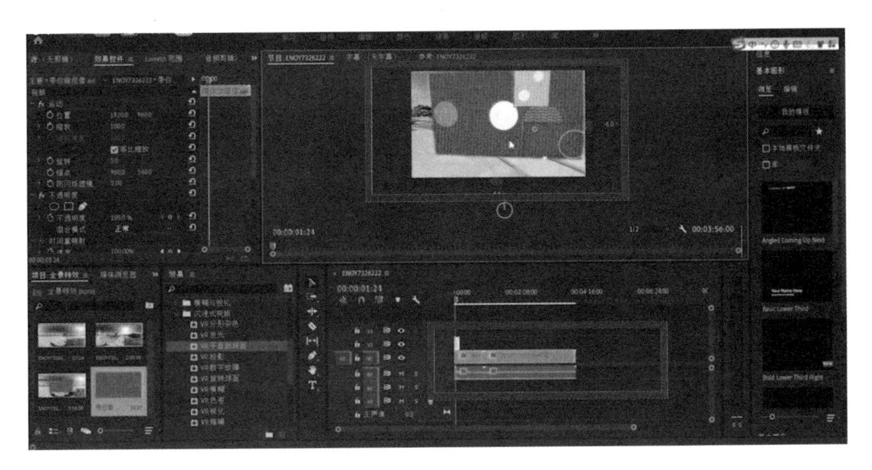

图 8-3-21　VR 平面到球面

VR 投影：将 VR 投影拖动到视频上，然后看效果控件中 VR 投影的效果。这些属性都可以进行调整，拖动平移可以旋转水平的视角，倾斜可以旋转 Y 轴的视角，滚动可以旋转 Z 轴的视角。这个时候旋转的就是整个球形视频里球的角度(图 8-3-22)。

图 8-3-22　VR 投影

VR 数字故障：将其拖到画面中，可以看到画面中出现像摄像机或电视出故障时的花屏效果，是一种特效效果。调整 POI 缩放、POI 长宽比可以改变花屏的范围，调整主振幅可以改变花屏的振幅，在扭曲下面还有属性可以调整，拖动鼠标左键调整。当一个角度看不到画面特效时，可以拖动画面到另一个视角观察，因为 VR 显示方式在不同的视角下不同，所以可以拖动画面观察特效加在了哪个方向。扭曲中的这些属性都可以调整以及加上动画和关键帧，包括变换里的缩放 X 轴、缩放 Y 轴、缩放 Z 轴，转换 X 轴、转换 Y 轴，拖动各个值体会它的变换方式以及子设置里的子影响、子缩放。杂色强度、杂色数量、杂色比例、杂色演化是调整数码杂色时添加的杂色效果，还可以更改随机植入，是杂色色块的随机效果（图 8-3-23）。

图 8-3-23　VR 数字故障

VR 旋转球面效果：鼠标左键拖动画面可以旋转画面。这其实是操作视角的变化，但是在 VR 旋转球里的旋转是对画面本身的改变而不是对观看视角的改变。这相当于原本贴在球面上是一张图，平常的操作只是改变观察视角，而 VR 旋转球面是直接改变了球的旋转方向。

VR 模糊效果：把模糊值调得越大，视频效果越模糊。这可以做模糊的过渡，然后删掉模糊的效果。

VR 色差效果：在左边的效果控件中，属性都可以调整，会看到画面中出现色差的虚影，包括红色色差、绿色色差、蓝色色差，还可以修改色差的衰减距离，对色差进行反转操作（图 8-3-24）。

图 8-3-24　VR 旋转球面效果

VR 锐化效果：可以使画面看得更清晰。将锐化值调大会发现画面中锐度更大了，画面中的细节变得更明显，还可以用锐化中的钢笔工具、椭圆工具或矩形工具为锐化框选区域。拖动锐化值时，只有在区域内部显示，区域外部没有变化。

VR 降噪效果：将原视频中的噪点降低，可以看到颜色的细微改变。效果控件中杂色类型有随机赋值、盐和胡椒两种，杂色级别可以拖动滑杆调整。

VR 颜色渐变：相当于在画面上覆盖了一些彩色玻璃片。这些彩色玻璃片的颜色和大小自己选择，并且是球形地覆盖在画面中。当变换 VR 观察视角时，彩色玻璃片也会跟着旋转，在效果控件中拖动点数、渐变功率、渐变混合时，这些值会相应改变。打开“点”，每一个颜色可以选择更改，比如把蓝色改成橘黄色，可以看到蓝色块就变成了橘黄色块，然后可以调整不透明度，让画面跟原始画面进行叠加产生奇幻的效果（图 8-3-25）。不透明度可以调整且打上关键帧动画。

下面有混合模式可以更改。不同的混合模式会让画面产生不同的混合效果。每个点上有 X 值和 Y 值，X 值和 Y 值就是每个点的坐标，对应一个小圆圈。在移动点时，小圆圈会跟着移动。这样可以通过控制不同色块 X 轴的值和 Y 轴的值来改变色块的方向与组合方式，并且可以设置关键帧动画（图 8-3-26）。

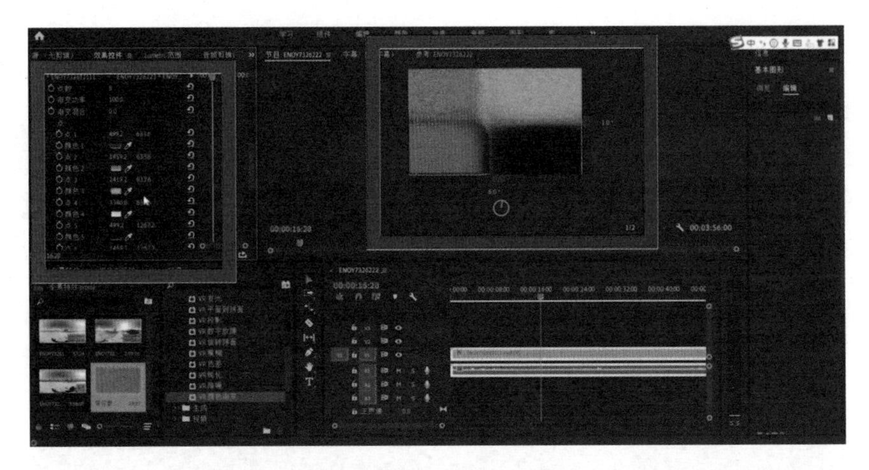

图 8-3-25 VR 锐化效果

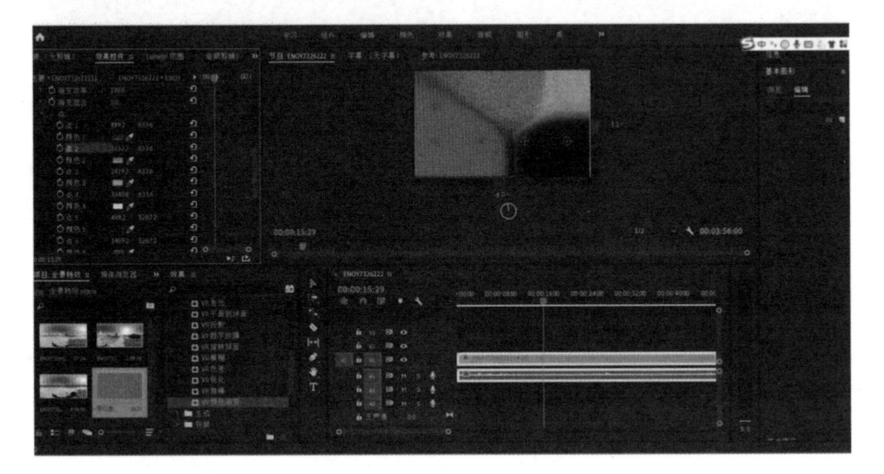

图 8-3-26 不同的混合模式

本章小结

本章介绍了全景视频的定义、全景视频的特点、拍摄设备分类、使用全景视频的原因、全景视频实拍过程中需要注意的各种问题和解决方法，以及全景视频剪辑与传统视频剪辑的主要区别。通过本章学习，我们了解了 VR 视频的种类，掌握了 VR 视频的拍摄、剪辑和特效制作方法，熟悉了 VR 视频的应用领域。

习题

1. (　　)常被称为 VR 视频，VR 是英文 Virtual Reality 的缩写，即虚拟现实的缩写。
   A. 超宽银幕视频　　B. IMAX 视频
   C. 全景视频　　D. 裸眼 3D 视频
2. 全景实际上只是一种对周围景象以某种几何关系进行映射生成的平面图片，只有通过(　　)等软件进行后期剪辑和特效处理并导入全景播放器才能成为 360 度全景视频。
   A. Ps　　B. Premiere Pro
   C. Flash　　D. SAI
3. 全景观看的时候会旋转，所以选择场景的(　　)是为了避免旋转过程中给观赏者带来失重的感觉。
   A. 几何中心　　B. 边角
   C. 一侧　　D. 转弯处
4. 为了符合人们的观赏习惯，镜头高度一般为人的平均身高，例如(　　)。
   A. 250 cm　　B. 200 cm
   C. 175 cm　　D. 135 cm
5. 下面哪项可以让观众选择任何一个视角观看电影，因为有时候观看角度的不同会影响故事展开的方式。(　　)
   A. 电脑屏幕　　B. 手机
   C. VR 眼镜　　D. 投影仪

后 记

本教材的编写过程历经数月，从资料的搜集到案例的分析，从技术理论架构的搭建到内容的补充完善，再到全书呈现在大家面前。本教材的出版得到了出版社、企业以及同行教师们的大力支持与帮助，我们对全书的框架结构、内容章节、案例分析、学生作品等都进行了有效沟通，确保教材的完善。正是由于大家的不懈努力和共同帮助，才使得本教材能顺利与大家见面。

本教材的编写过程中有幸得到了许多同学与老师的支持与帮助，在此特别感谢胡立德、石莉莉、庞陆洋、曲诗文、桑小昆老师的辛勤付出，感谢毕经杨、牛琪琪、王毓睿、王娜、孟令辉、祁之超、张祥东、张芸菲、吴延顺、李彤佳、马超群、祝文俊、王家璇等同学为本书的资料搜集、整理工作做出的贡献。在此对他们表示诚挚的谢意。

为了更好地诠释课程内容，本教材引用了一些国内外优秀的动画作品，因时间仓促未能与所有作者取得联系，再次表示真诚的歉意和衷心的感谢。希望此教材能够与动画界、教育界的同仁共勉。

编者

2024 年 4 月

参考文献

[1] 李铁，黄临川，徐丕文. 影视动画后期非线性编辑[M]. 北京：人民邮电出版社，2016.
[2] 卢柏樵. 剪辑基础教程[M]. 南昌：江西美术出版社，2021.
[3] 刘江静. Adobe Premiere Pro 中转场的应用分析[J]. 河南科技，2010(15)：55.
[4] 施勇，朱永海. Premiere 视频特效与关键帧的结合应用——以编辑“GPU 特效”为例[J]. 淮南师范学院学报，2012，14(04)：138-140.

图书在版编目(CIP)数据

非线性编辑/姜鑫,安颖主编. —上海：复旦大学出版社,2024. 5
ISBN 978-7-309-17234-8

Ⅰ. ①非… Ⅱ. ①姜… ②安… Ⅲ. ①非线性编辑系统-教材 Ⅳ. ①TN948. 13

中国国家版本馆 CIP 数据核字(2024)第 028598 号

非线性编辑
姜 鑫 安 颖 主编
责任编辑/高 辉

复旦大学出版社有限公司出版发行
上海市国权路 579 号 邮编：200433
网址：fupnet@ fudanpress. com http://www. fudanpress. com
门市零售：86-21-65102580 团体订购：86-21-65104505
出版部电话：86-21-65642845
上海盛通时代印刷有限公司

开本 787 毫米×1092 毫米 1/16 印张 13. 5 字数 287 千字
2024 年 5 月第 1 版
2024 年 5 月第 1 版第 1 次印刷

ISBN 978-7-309-17234-8/T · 752
定价：52. 00 元